JN168960

たかしよいち 文
中山けーしょー 絵

ティラノサウルス

史上最強！ 恐竜の王者

理論社

もくじ

←この角をパラパラめくると
ページのシルエットが動くよ。

ものがたり

チビはまけない！

たまごを守れ！

かさかさ……と、木のしげみがゆれ、なにやらせわしくうごくかげが見えた。巣のそばで横になっていた、ティラノサウルスの子どもは、もの音に気づき、じーっと、そっちをうかがった。そいつの名を、かりに「チビ」とよぶことにしよう。

東の空は、ほんのりと白み、ほどなく

夜あけだ。そのかすかな光の中で、
チビは相手のすがたをとらえた。
それは、まぎれもなく
〈こそどろ巣あらし〉の一味だ。
顔つきは、ちょうどモグラと
ネズミをあわせたようで、
大きさは、ふつうの
ネズミほどだが、黒く
みじかい毛が、体じゅうに
生えている。

こいつらは、なかなかのくせものだ。チビは、じっと相手のうごきをうかがった。巣の中には、四、五日前にかあちゃんが生んだたまごが四つある。

やつらは、そのたまごをねらって、しのびよってきたのだ。

これまでも、いくどかおそわれて、たまごを食べられたことがある。

たえず、一〇ぴきいじょうのむれでかたまり、木のぼりもじょうずだし、水泳ぎも

できて、にげ足が速く、ほかの生き物がねしずまった夜に、うごきまわるから、とにかくしまつにおえないやつらなのだ。

くさった肉であれ木の実であれ、なんでも食べるが、大こうぶつは、きょうりゅうのたまご。

そのたまごをねらって、親がちょっと目をはなしたすきに、巣にはいりこんでくる。

かあちゃんは、チビにるすをあずけるとき、きびしくいいつけた。

「いいかい、巣の中のたまごをちゃんと見はるんだよ。
とくに夜をまって、こそどろたちがたまごを食べに
やって来るからね」

あんのじょう、やつらは来た。

「ミイー！（それ、いくぞ）」

ボスの声にあわせて、どろぼうたちは、
しげみからさっと巣の前におどりでた。

が、そのとき、巣の横で息をころして
いたチビが、ひょいと、たまご
どろぼうたちの前に、立ち

はだかった。
「グウウオオー！」

チビは、せいいっぱいの大声で、相手を
にらみつけて、おどした。
こそどろたちは、びっくりぎょうてん。
おもわずうしろにとびすさった。
だが、よくよく見ると、目の前に
立ちはだかった相手は、たしかに、
きょうりゅうの王者で、ころし屋と
おそれられているティラノサウルス
ではあっても、生まれてたかだか
一、二年の子どもじゃないか。

どうりで、ほえ声にもはく力がない。

相手のボスは、チビを見てあんしんした。

「ぼうや、ちょいと、そこ、どいてくれないかね。おれたちはな、おまえさんにはなんの用もないんだぜ。巣の中のたまごをいただきゃいいってこと。いうこときかないと、おまえさんだって、いたい目にあうことになるよ」

こそどろたちのボスは、ひょいと巣のはしにとびうつり、チビに向かってそういった。

「ダーッ！（いやだ、たまごはぜったいわたさないぞ）」

チビは、相手をにらみつけ、一歩もひかないかまえでさけんだ。

「このやろう、こっちが下手に出りゃ、つけあがりやがって！　てめえどもやっちまえ！」

ボスがさけぶやいなや、一〇ぴきいっしょになり、いきなりチビの横っぱらめがけて、くらいついてきた。チビは、はずみで、うしろにひっくりかえった。

だが、チビはまけない。

チビの上にのりかかってきた

相手を、力いっぱいけとばした。子どもといえども、王者ティラノサウルスだ。チビのするどい足つめが、ボスのむねを、ふかぶかと切りさいた。

相手がひるんだすきに、チビはすばやくおきあがり、むがむちゅうで、相手にかみついた。

「ギャア！」

すさまじいひめいが流れ、ステーキナイフのようにするどいチビのキバが、ボスののどにくらいついた。

ボスをたおしたあと、チビは手あたりしだいに、こそどろたちをつかまえ、力いっぱいふんづけて、ぺちゃんこにし、ほかの一ぴきのしっぽをかんでふりまわし、

地べたにたたきつけた。

にげようとする一ぴきには、頭ごとくらいついて、かみころした。

チビにとっては、まったくはじめてといっていいほど、死にものぐるいのたたかいだった。

こうして〈こそどろ巣あらし〉どもは、一ぴきのこらずチビのまわりで、血まみれになってころがった。

かあちゃんの名は「スー」

かあちゃんから、るすばんをいいわたされ、たまごどろぼうたちから巣を守るために、死にものぐるいでたたかい、気がついてみると、相手のボスは目の前にころがっていた……。生まれてはじめてのできごとに、チビはすっかりこうふんし、まだあらい息をはきつづけていた。

ところで、チビにるすばんをいいつけた、か

んじんのかあちゃんは、いったいどうしていたんだろう。かあちゃんの名まえは「スー」。くわしいことは、うしろのページの「スーの大発見」にゆずり、話を進めよう。

そのころスーは、巣のあるねぐらから、そんなにははなれていない、川のほとりの草むらで、草食きょうりゅうトリケラトプスの「ツノふり」とにらみあっていた。

ツノふりは、いまの動物でいえば、サイのようなかっこうをしているが、サイよりもずっと

ずっと大きくて、
頭には二本のツノ、
鼻の先にも一本の
ツノを持っている。
ふだんはおとなしいが、
いったんおこりだしたら
手がつけられない。
鼻先と頭の上の、三本のするどい
ツノのひとふりで、ティラノサウルスを
はじめ、手ごわい肉食きょうりゅうたちを、

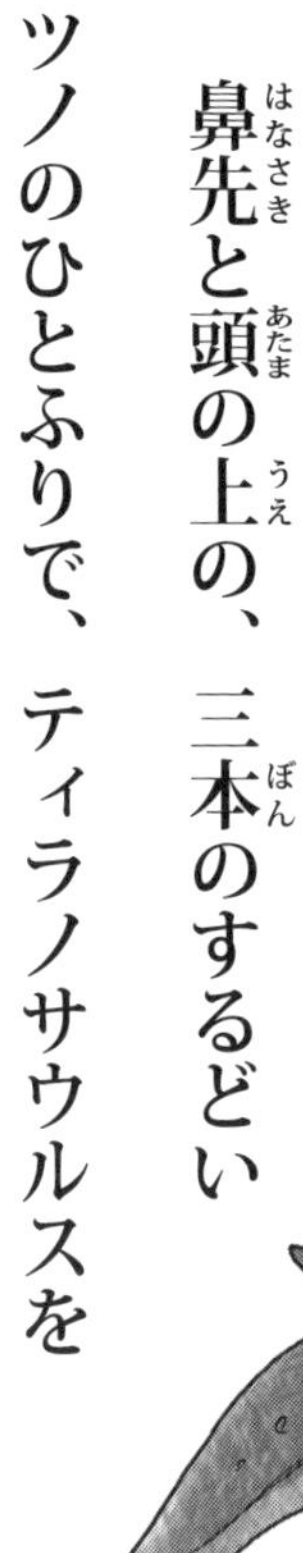

やってきたのだ。

東の空に日がのぼりはじめると、川の流れが朝日をあび、キラキラと金色にかがやいた。

この岸べで、草を食べていたツノふりを見つけたスーは、こっそり足音をしのばせて近づいたが、すぐに相手に感づかれてしまい、にらみあいとなった。スーにしても、うっかりはとびかかれない。ツノふりのひとつきをおそれたからだ。

「グオーッ」

スーは、すさまじい声をあげて、相手をおどした。だが、相手はピクリともしない。

「グワーオー（来るならこい、このまぬけやろうめ）」

ツノふりは、四つ足をふんばり、三本のツノをぐっと前につきだし、頭をひくくさげてかまえた。

スーは、いったんとびかかるようなしぐさで、相手がどっと前にとびだしたしゅんかんをねらって、ななめ横に体をひらき、長いしっぽで、相手の横っつらを、力いっぱいはたいた。

考えてもみるがいい。ワニのしっぽではたかれても、トラやライオンの骨はくだける。そのワニよりずっとずっと大きく、たくましい肉食きょうりゅうティラノサウルスのしっぽ

で、顔面をたたきつけられたら、たまったものじゃない。
さすがのツノふりも、よろよろ……とよろけた。
スーはすかさず、体ごとドーン！　と体あたりを
くらわせると、ツノふりは横だおしにころがった。
スーは、ツノふりのせなかにとびのった。
三本のするどいかぎづめのあるうしろ足で、
がっちりとツノふりの体をつかみ、大きな
口で、ツノふりの首にかみついた。
「ギャウーッ！」
ツノふりは頭をもたげ、さいごの

あがきのあと、血まみれになって
息がたえた。
なにしろ、ライオンのキバより、
ずっとずっとでかいナイフのように
するどい歯が、上下にそれぞれ三〇本もある、
きょうりゅうの王者ティラノサウルスだ。そいつに
かみつかれたら、どんな生き物だってひとたまりもない。
それでもスーは、ゆだんしなかった。
ツノふりが完全に息をとめ、うごかなくなったのを見とど
けると、ようやく立ちあがり、勝利のおたけびをあげた。

「ウオオー！」

高らかなその声は、朝の日ざしの中で、あたりの森や野にこだまして、ひびきわたった。

そのあと、腹をすかしたスーは、たおしたツノふりの腹に、もういちどしっかり歯をつき立てて、ひきさいた。

スーはむさぼるように、ツノふりの肉を食べた。

そのまわりの、草のしげみや木かげでは、まるでライオンの食べのこしをねらうハイエナにも似た、足の速い小型肉食きょうりゅうたちが、こそこそとうごきだしていた。すきをねらって、死肉をかすめとるために……。

あかんぼうが生まれたぞ！

かあちゃんのスーは、ひさしぶりにおなかいっぱい、おいしい肉を食べおわると、巣にのこしたチビのために、ひとかたまりの肉をくわえて、大いそぎでねぐらのほうへ歩きだした。

そのころ巣では、るすばんをいいつかったチビが、自分でやっつけた〈こそどろ巣あらし〉の肉を食べ、とてもごきげんで、うとうと

ねむりこけていた。

バチン！

巣の中の、たまごのひとつがはじけ、からのあちこちに、ビリン、ビリビリ……と、ひびができ、目玉の大きなヒナの頭が、ひょい！と、からをやぶってとび出した。

クワー！

その声に、コックリ、コックリ、いねむりをきめこんでいたチビが、目をさました。

こりゃなんだ。なんてかわいいやつだろう。チビは

ヒナに近より、ヒナが、からからすっかり出てくるのを手つだった。

ヒナはからから出ると、チビをかあちゃんとかんちがいして、クワ、クワなきながら、体をよせてきた。

そんなところへ、かあちゃんが帰ってきた。

「あらまあ、なんてことなの……。それにしてもおまえ、よく、るすばんできたのねえ」

かあちゃんは、チビをしみじみと見つめてほめた。

「かあちゃん、おれ、
かあちゃんのいないとき、
こいつをやっつけたんだよ！」

チビは、食べのこしの〈こそどろ巣あらし〉の体を足でふんづけ、むねをはっていった。

「ほう！　やるじゃないの、もうちゃんと、自分だけで生きていけるよ、おまえ」

でも、チビはまだ、かあちゃんからはなれてくらす気もなく、自信もない。

チビは、かあちゃんがくわえてきたツノふりの肉を、おいしそうに食べた。

そのあいだに、巣の中の三このたまごは、つぎつぎにヒナがかえり、ひっくりかえる

ような大さわぎ。
「やれやれ、これからがたいへんだよ、
この四ひきをかかえて……」
かあちゃんは、ちっとも休むひまはない。
すぐに生まれたあかんぼうたちに食べさせる
えさを、さがしにいかなきゃならないのだ。

ころし屋〈あばれんぼうじじい〉

生まれて二十日もたつと、四ひきのあかんぼうたちは、

巣をはいだして歩きまわるようになり、ちっとも目がはなせない。そんなとき、ヒナたちを見はるのは、チビのやくめだ。

「こらっ、そっち行っちゃダメ！」

と一ぴきをひきとめているあいだに、べつのやつが、きけんな川のほうへトコトコ……。

「こっちへ来い！」

チビは、そいつのしっぽをくわえて、ひっぱる。

かあちゃんがいないときなんか、
チビは四ひきの子守りで、もうくたくただ。
わんぱくぼうやたちが、遊びつかれて、
巣の中でひるねしているときが、チビに
とってもひと休みの時間だ。
しかし、ゆだんはきんもつ。そんなときに
かぎって、おそろしいころし屋がおそいかかって
くるのだ。
朝、お日さまがのぼると、いつものように、かあちゃんは、
えさがしにでかけ、チビは四ひきのわんぱくどもを相手に、

きょうりゅうすべり台になった。

きょうりゅうすべり台？　そんなのウソだろう、と、首をかしげる人もいるだろう。

だが、ある！　なかなかすばらしいすべり台だ。お目にかけよう。

チビはまず、地べたにうつむきにねそべる。つぎに、こしをあげ、うしろ足の両ひざを立ててささえる、しっぽはそのままのばしておく。はい、これですべり台のできあがり。

四ひきのわんぱくどもは、大はしゃぎ。しっぽのほうからのぼってきて、山のてっぺんのようにつきだした、こしのところから、いっきに頭へむけて、すーい！　と、すべりおりてゆく。さいごはかならず、チビの頭をふんづけて、大よろこび。

頭をどんなにふんづけられても、チビは、がまん、がまん。これもみんな、かわいい自分の弟や妹のためなんだ。

ところが、ところが……、すべり台ごっこのまっさい中、とつぜん、わんぱくぼうやたちからひめいがおきた。

チビは、腹ばいのまま、声のほうへ顔を向け、ぎょっとした。

なんと、いつのまにあらわれたのだろう。目の前に、でっかいなかまのティラノサウルスがいて、あかんぼうの一ぴきをかた手につかみ、いまにも口の中へほうりこもうとしているではないか！

チビは、すばやくおきあがると、前かがみのしせいで、あ

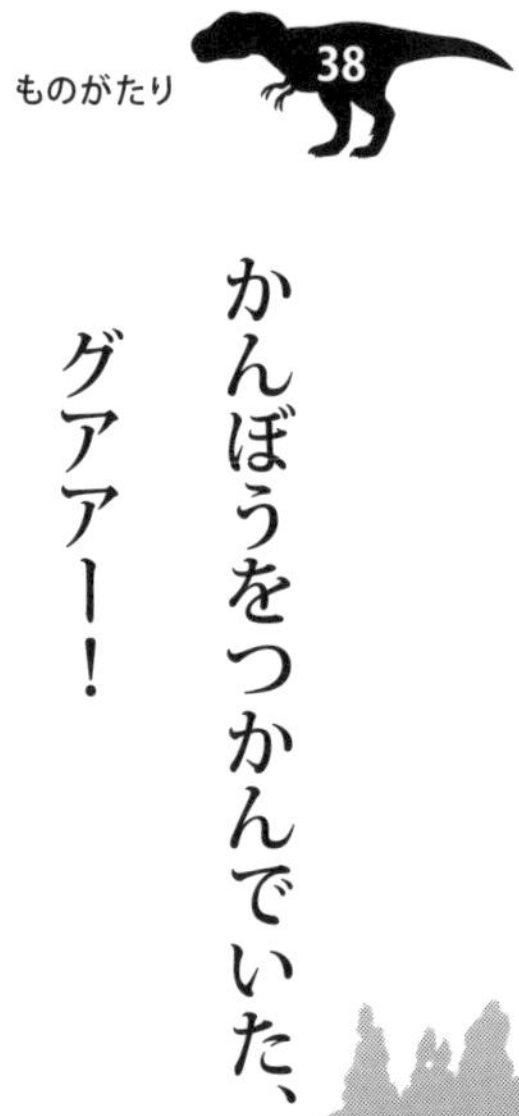

かんぼうをつかんでいた、相手の手にかみついた。

グアアー！

相手はひめいをあげ、あかんぼうを手から落とした。そして、ぐん！　と足をふんばり、チビをにらみつけて立った。

「おめえ、なかなかいい度胸じゃねえかよ。相手が、〈あばれんぼうじじい〉の名で知られるおれさまと、知ってのことか！」

チビはおもわず、ぶるぶるっと、体がふるえた。

〈あばれんぼうじじい〉――
そう、それは、かあちゃんから
ずいぶんきかされたことばだ。

「いうこときかないと、〈あばれんぼうじじい〉にやるよ！」

ティラノサウルスのなかまからも、手におえないらんぼうものとしてけむたがられ、きらわれている、おそるべき相手がいま、自分の前にいる。なんてことだ！

おそらく、ひとたまりもなく、かみころされるだろう。

と、そのときだ。


まけるな、かあちゃん！

「グオーッ！（そこ、どきな）」

あたりにひびきわたる、
力づよいほえ声。
かあちゃんだ、かあちゃんが
帰ってきたのだ。
かあちゃんは、いまにも
チビにおそいかかろうとする
〈あばれんぼうじじい〉のうしろにいた。
〈じじい〉は、ひょいと体をひねり、
かあちゃんのほうに向きなおった。
そのすきに、チビと四ひきのあかんぼうたちは、すばやくしげみにもぐってにげた。

「あんた、勝手にわたしのねぐらへ来て、よくもわたしの子どもたちを食べようとしたね。ただじゃおかないよ！」

かあちゃんは、すっかり腹をたて、〈じじい〉をにらみつけてどなった。

「しゃらくせえ、なにを食おうが、おれの勝手だ！」

さけぶやいなや、気みじかな〈じじい〉は、かあちゃんの

ま正面から、いきなり
体あたりをぶちかましてきた。
かあちゃんは、あやうく横に
身をかわした。そして、〈じじい〉の
体が前のめりになった、その首をねらって、
いっぱつケリをいれた。
うしろ足のするどいつめが、〈じじい〉の
かたをかすめ、赤い血しぶきがとんだ。〈じじい〉は
くるったように、かあちゃんにおそいかかった。
朝からえささがしにでかけ、たしかに、かあちゃんは

つかれていた。〈じじい〉のこうげきをかわしたはずみに、つまずいて、よろけた。

〈じじい〉は、おもいっきり、かあちゃんに体あたりをぶちかました。

かあちゃんはどーんと、横だおしにたおれた。〈じじい〉はすかさず、かあちゃんの上にかぶさるように、とびのった。

しげみにかくれて、ようすを見ていたチビは、おもわず「かあちゃーん!」とさけんだ。

勝負あった。だが、このとき、〈じじい〉は、勝利を信じ、ちょっと気をゆるめた。その、ほんのいっしゅんのすきに、

下じきになったかあちゃんは、力をふりしぼって、〈じじい〉のノドにかみついた。

「ギャアーッ！」

〈じじい〉はひめいをあげ、前後の足のつめで、かあちゃんの体を、ところかまわずひっかいた。

でも、かあちゃんはいたみをこらえ、〈じじい〉のノドをかみつづけた。

さすがの〈あばれんぼうじじい〉も、ノドをかまれてはかなわない。やがて、〈じじい〉の大きな体は、

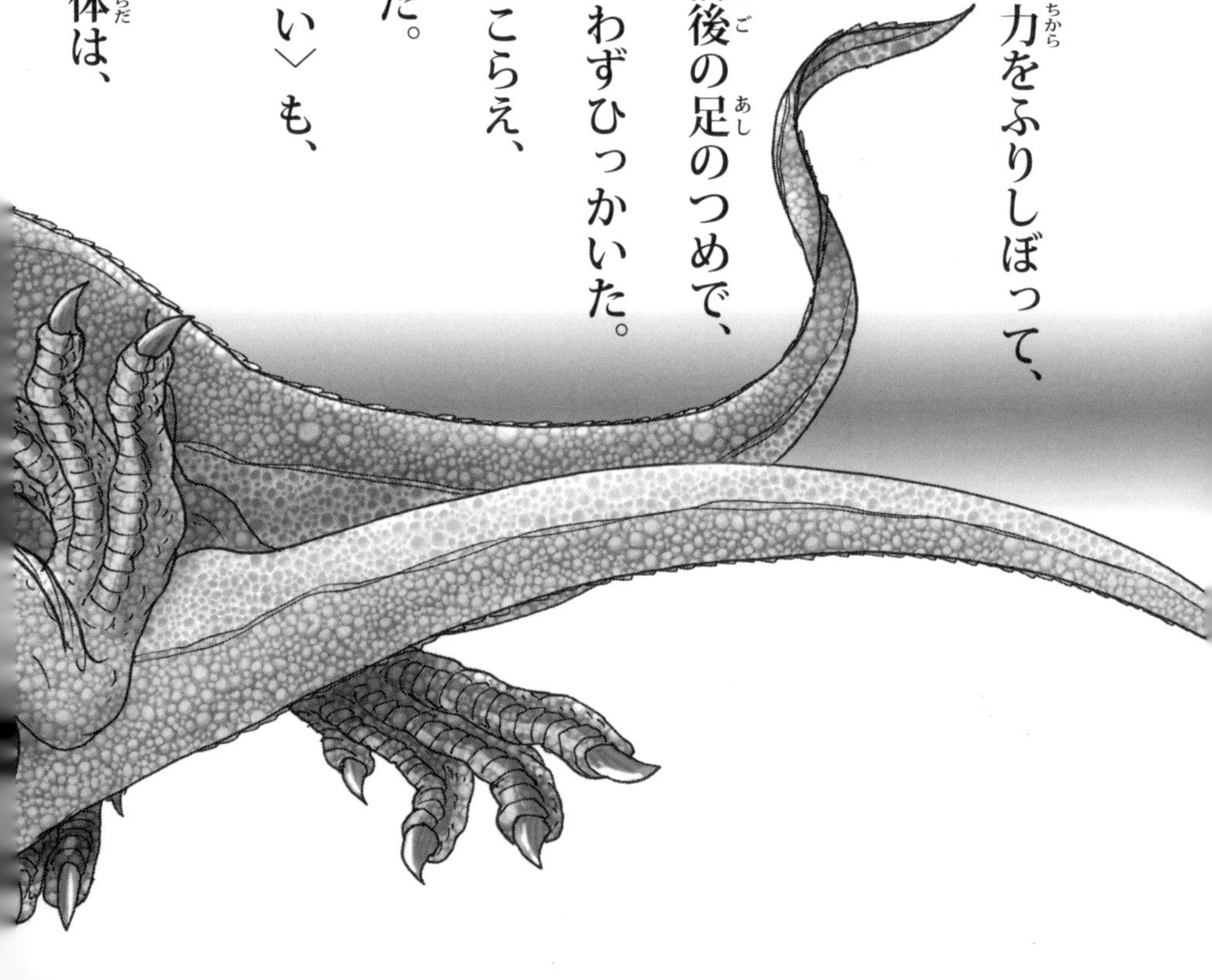

地ひびきをたててころがった。

かあちゃんは、すばやくおきあがると、〈じじい〉の上にのり、とどめをさすつもりで、力いっぱい〈じじい〉の首をかんだ。骨は音をたててくだけ、力つきた〈じじい〉は、しばらく、こきざみに体をふるわせたが、やがて呼吸をとめた。あたりじゅう血の海だ。

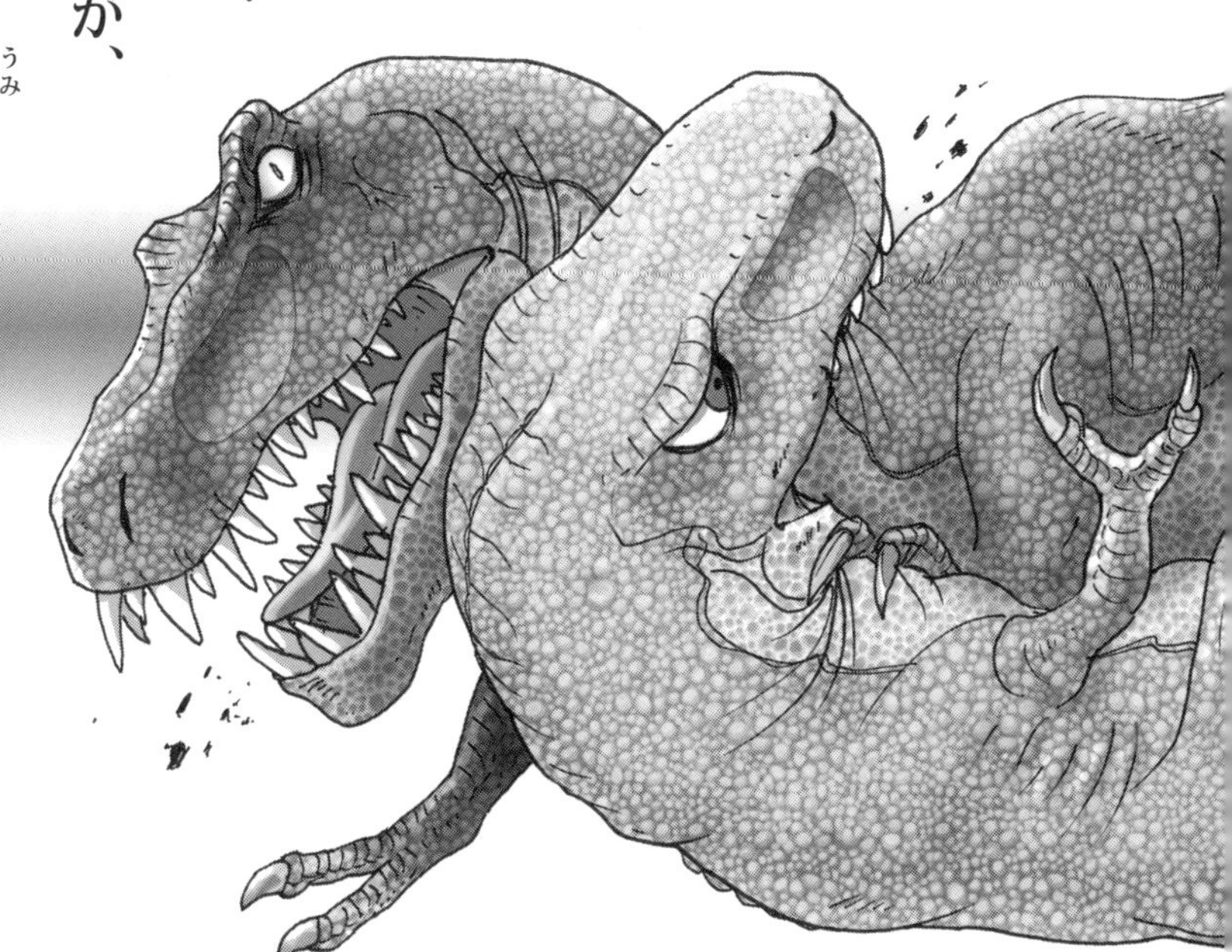

「やった、やったーっ！」

チビは、しげみの中からとび出し、かあちゃんのほうへかけよった、四ひきのあかんぼうたちも、ちょろちょろ、小走りでかけてくると、なんとまあ、たおれている〈じじい〉の体によじのぼり、頭やせなかをふんづけて、元気よく走りまわった。

かあちゃんは、かけよってきたチビをねぎらうように、やさしく、やさしく、ほおずりをするのだった。

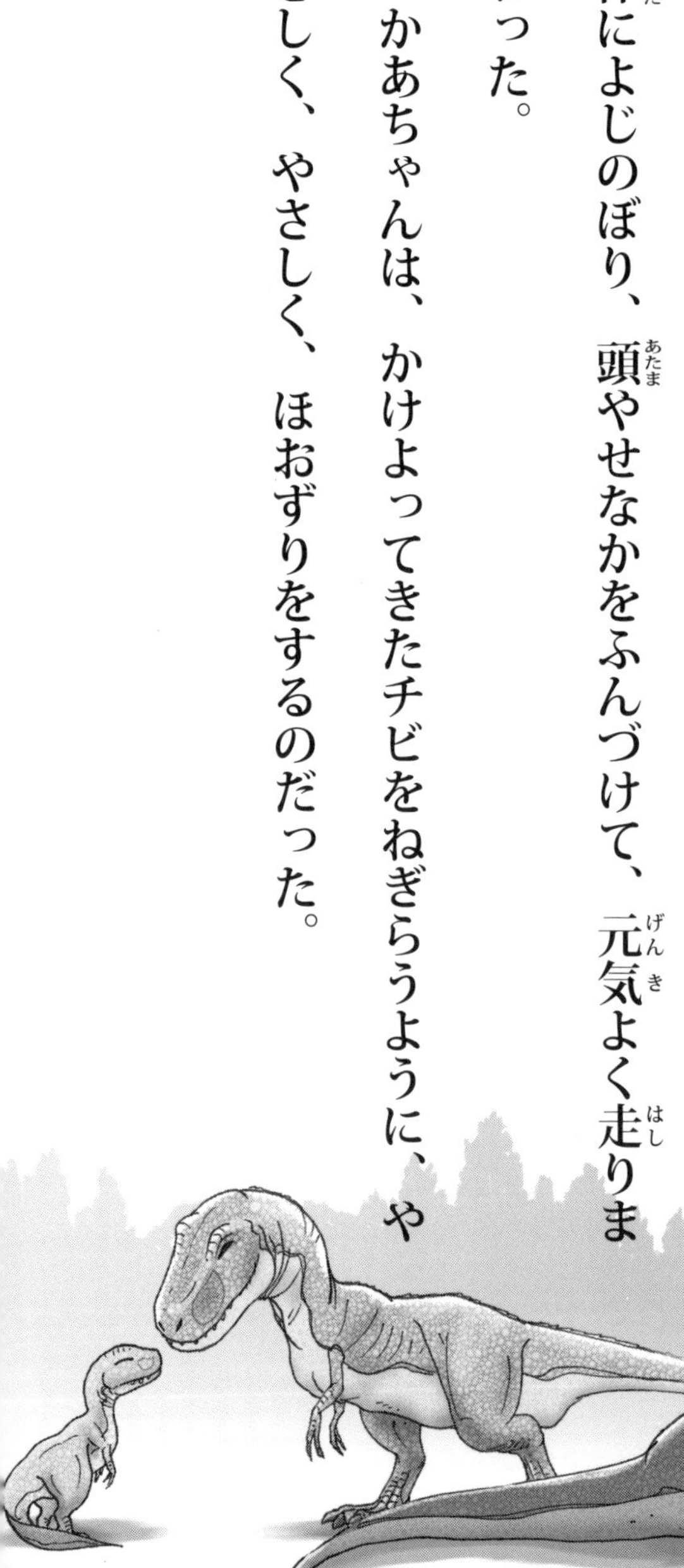

なぞとき

これがティラノサウルスだ

「スー」の大発見

ティラノサウルス「スー」と「チビ」のものがたりは、いかがでしたか？

このものがたりは、作者であるわたしが、この地球上にティラノサウルスが生きていた時代を想像しながら、えがいたものです。しかしわたしは、このものがたりを、ただ思いつくまま、でたらめに書いたわけではありません。

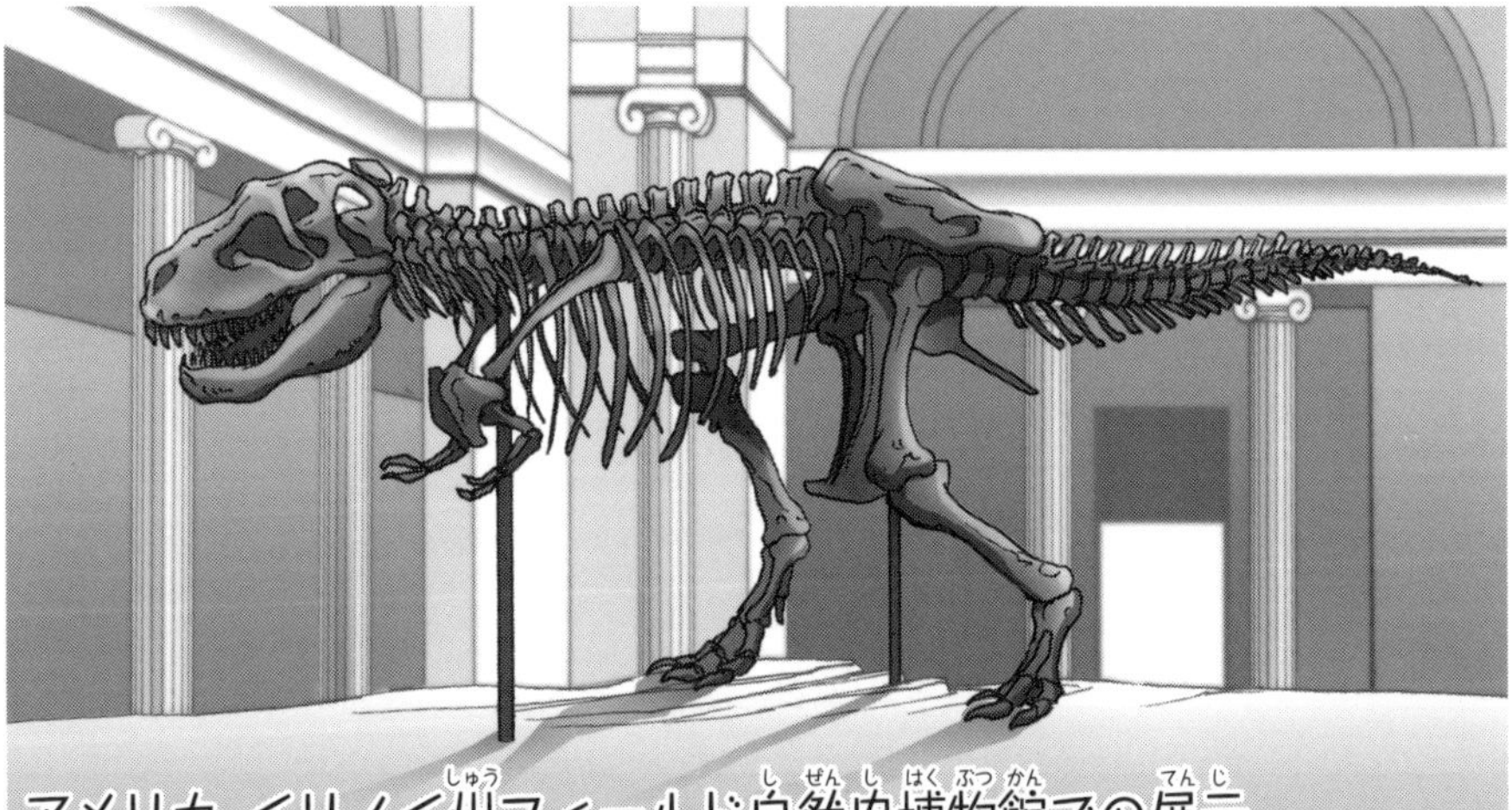

アメリカ、イリノイ州フィールド自然史博物館での展示

古生物学者をはじめ、多くの科学者によるのがたりを組み立てました。

時代は、いまからおよそ六五〇〇万年前、舞台は、現在のアメリカ合衆国サウスダコタ州フェイス北部です。

じつは、そこから、ものがたりに出てきた、おかあさんのティラノサウルス「スー」をはじめ、「チビ」や、あかんぼうの骨が発見されたのです。しかも、その発見は、これまでに例を見ないほど、とても骨の保存がよい、す

★…ティラノサウルスの化石が発見された場所

ばらしいものでした。しかし、発見された場所が原住民の土地であったため、発見者と地主とのあいだで裁判に発展。発掘された骨は、アメリカ連邦捜査局によってさしおさえられ、競売にかけられてしまいました。その結果、八三六万ドル（日本円にして約一〇億円）という、びっくりするような高値で、アメリカの博物館にひきとられたのでした。

　そんなわけで、アメリカ中を大さわぎにまきこんだ、この「スー」と名づけられたティラノサウルスの発見と発掘について、話を進

ティラノサウルスの復元模型

めることで、ティラノサウルスがどんなきょうりゅうだったかが、おわかりいただけるはずです。

きょうりゅうの骨をさがせ！

サウスダコタ州は、アメリカ合衆国中北部にある、かつては原住民スー族の居住地として知られていました。ちなみに「ダコタ」とは、スー族のことばで「友だち」をあらわしています。

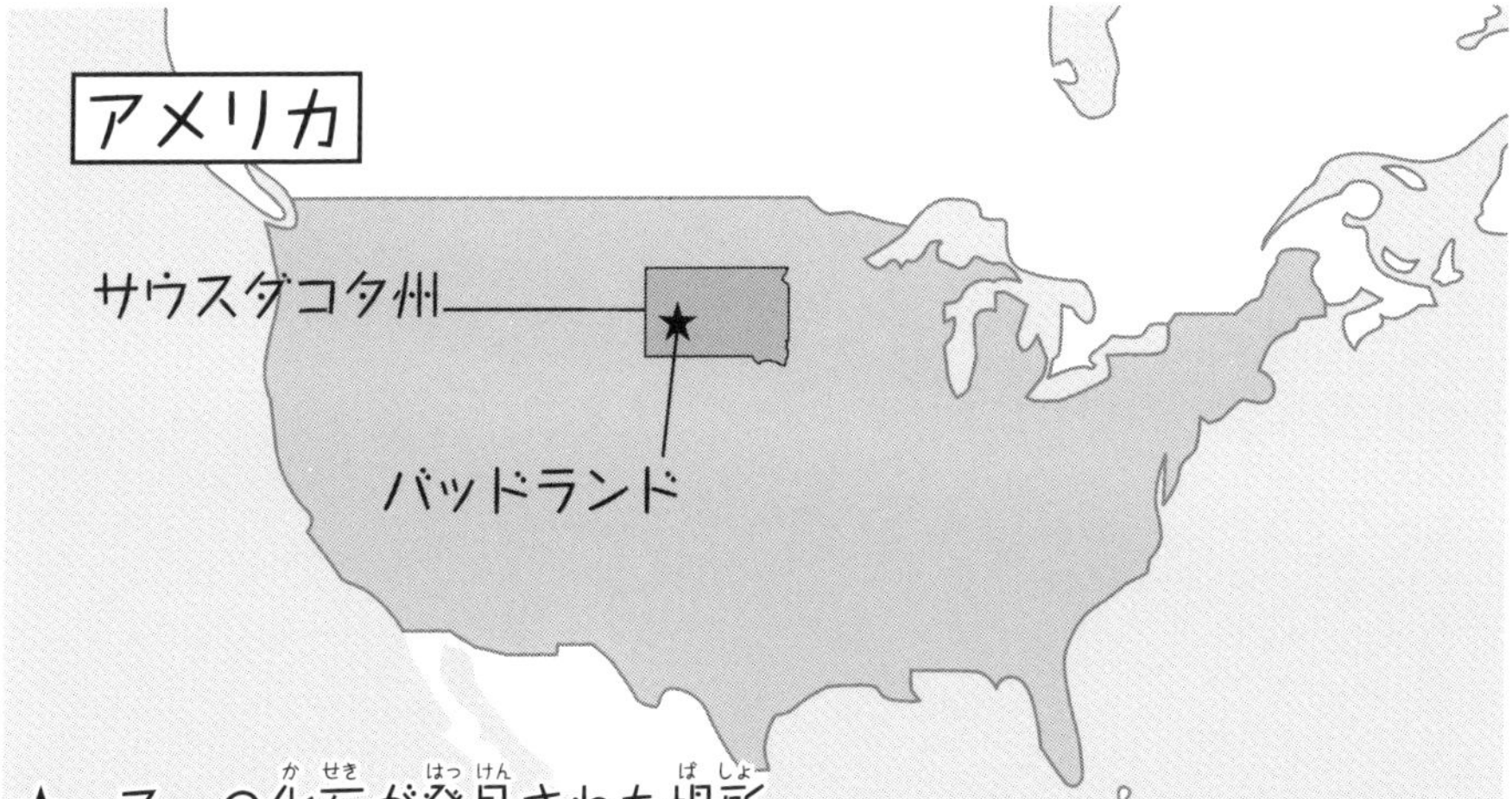

アメリカ
サウスダコタ州
バッドランド
★…スーの化石が発見された場所

中央部をミズーリ川が流れ、西部にブラックヒルズ山地がつらなっています。

一九九〇年八月のはじめ、女性の化石研究家スーザン・ヘンドリクソンさんは、かつて原住民が住んでいた、フェイスというバッドランド（あれ地）で、きょうりゅうの化石をさがしていました。

バッドランドは、大むかしの地層がむき出しになっていて、そこからこれまでも、きょうりゅうの化石がたくさん発見されていました。

　じつはスーザンさんも、きょうりゅうの研究で有名な、ブラックヒルズ研究所のピーター・ラーソンさんたちといっしょに、数週間かけて、きょうりゅうの化石をさがしていましたが、これといって目ぼしいものは見つかりませんでした。

　ゆっくりと歩き、赤茶けた岩のがけを観察しながら、モロー川の北側にある、高さ一〇メートルほどの、がけの下にさしかかったときです。

　スーザンさんは、足もとにばらばらにちら

ばった、茶色の骨らしい化石を見つけました。

「あれ？」と思い、足をとめて顔をあげ、がけをよく見ると、足もとにちらばったものと同じ骨の化石が、うきだしているのが見えました。

足もとにちらばった化石は、どうやらそこから落ちてきたものでした。

スーザンさんが、がけをよじのぼっていくと、とちゅうの岩だなに、かなり大きな背骨らしい化石が顔を出していました。

スーザンさんは、どきどきしながら、その

きょうりゅうの化石が！

骨にさわってみました。

（きょうりゅうの骨だわ。しかもおくのほうへ、ずっとつづいている……）

かの女は、大発見につながるかもしれないという予感がしました。

きょうりゅう王者の墓場

スーザンさんは、骨のかけらを持って、なかまのいるキャンプ地へひきかえし、専門家のラーソンさんに見せました。

あれ地につくられたベースキャンプ

「おおーっ、こりゃどうやら、大型肉食きょうりゅうの背骨の一部らしいぞ」

スーザンさんが持ってきた骨の化石を見るなり、ラーソンさんは、こうふんぎみにさけぶと、さっそく現場へ向かいました。

あんのじょう、スーザンさんの予感はあたりました。古生物学者なら、だれもがほり出してみたいとあこがれる、きょうりゅうの王者ティラノサウルスの、ほぼ完全な骨が、そこにねむっていたのでした。

ラーソンさんは、発見者であるスーザンさ

んのニックネームをとって、このティラノサウルスを、「スー」という愛称でよぶことにしました。

一九九〇年八月十四日から二週間かけて、骨はラーソンさんたちの手によってほり出され、世界中のきょうりゅうファンをよろこばせました。

それではここで、ティラノサウルスとは、いったいどんなきょうりゅうなのか、ざっとふれておくことにしましょう。

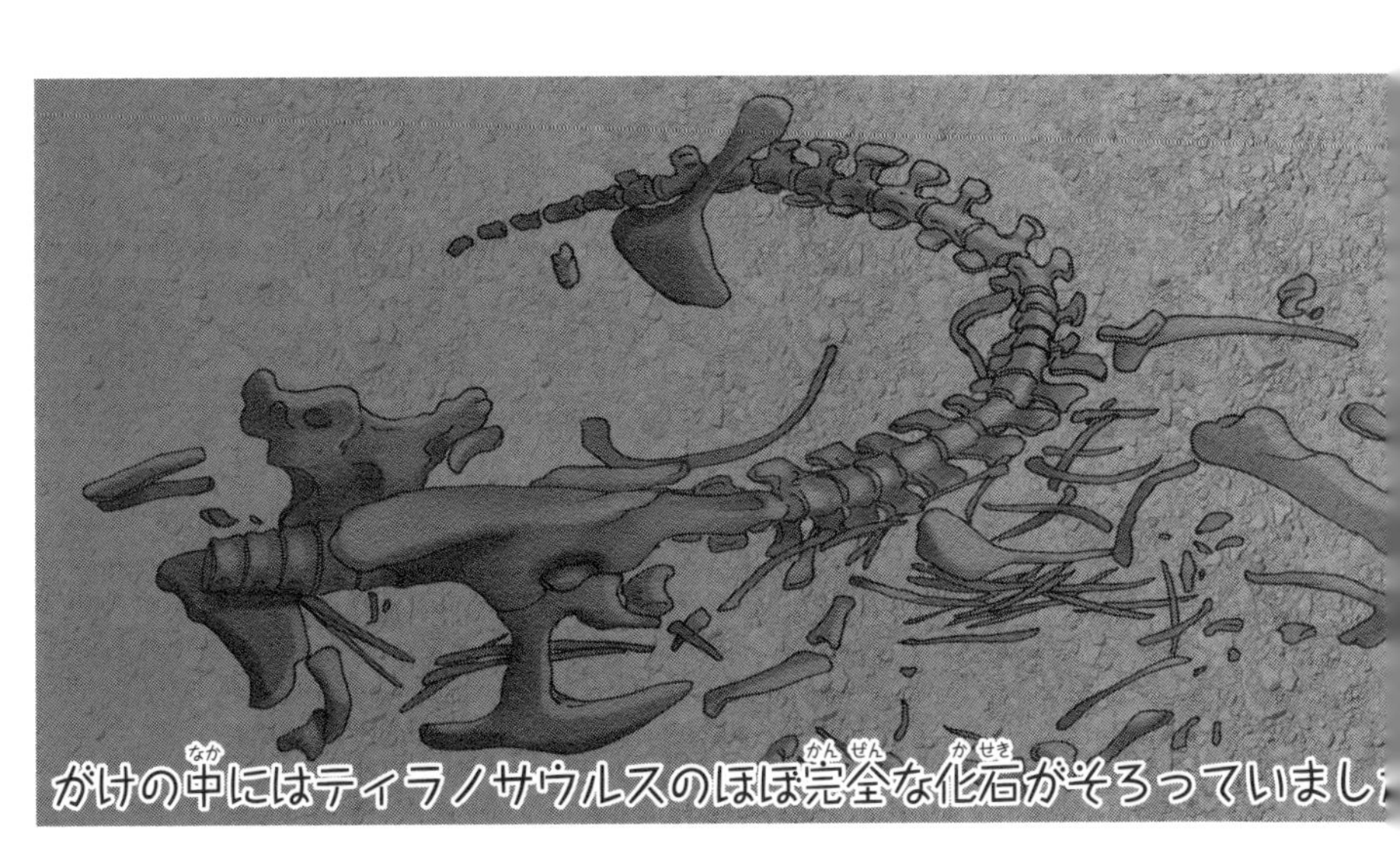

がけの中にはティラノサウルスのほぼ完全な化石がそろっていまし

発見できなかった前足

一九〇〇年に、アメリカの古生物学者ブラウン博士によって、肉食きょうりゅうのものと思われる大きな骨が、ワイオミング州で発見されました。

首の骨（頸椎）や太もも（大腿骨）など一部分の骨でしたが、「ティラノサウルス・レックス（あばれんぼうきょうりゅう）」と名づけられました。

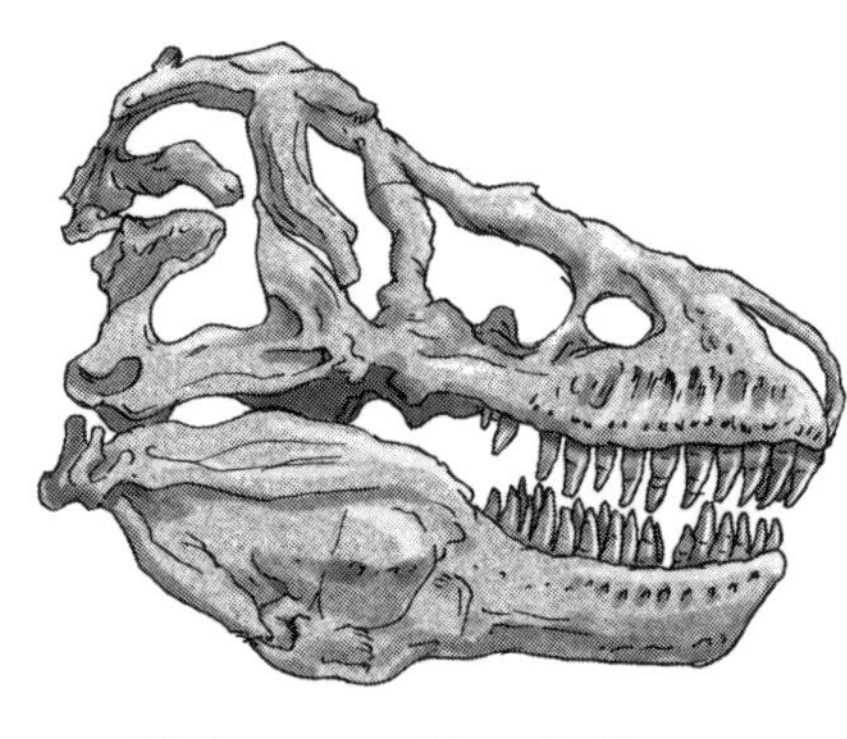

ブラウン博士と1907年に発見されたティラノサウルスの頭骨

そのあと、一九〇二年と、一九〇七年にブラウン博士は、こんどはモンタナ州で、頭（頭蓋骨）をはじめ、全身の三分の一にあたる骨を発掘し、ティラノサウルスが、その名のとおり、これまで地球上にあらわれたあらゆる生き物のなかで、もっとも強く、おそろしい生物であることがわかりました。

しかし、その前足はなかなか見つからず、一九八八年のモンタナ州での発見、そして、一九九〇年の「スー」の発見によって、ようやく全体像があきらかになったのでした。

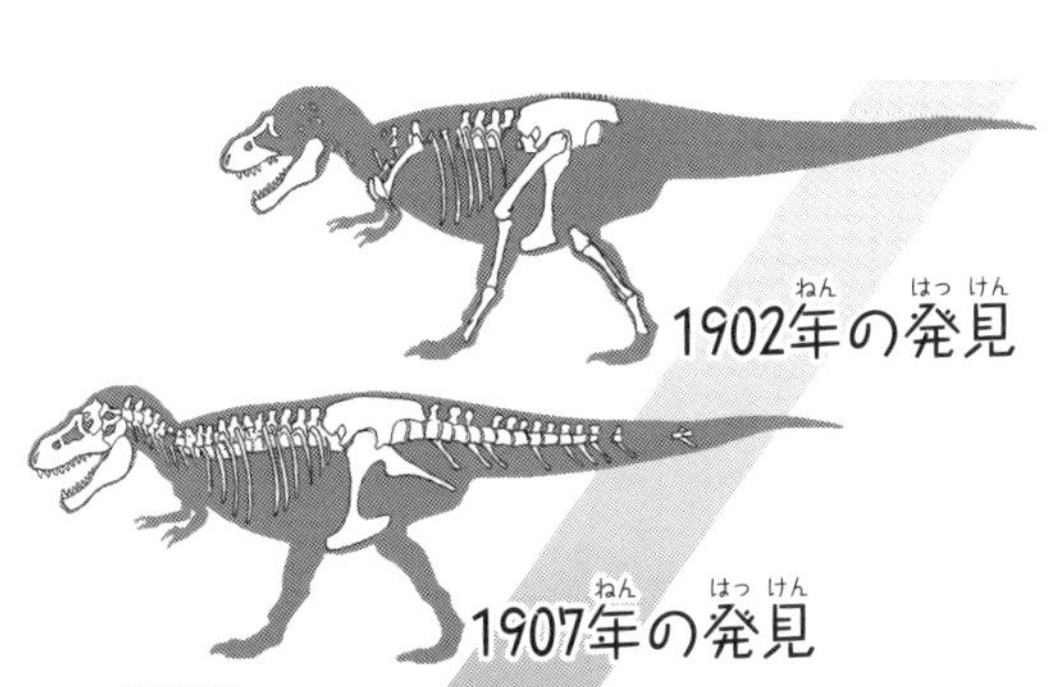

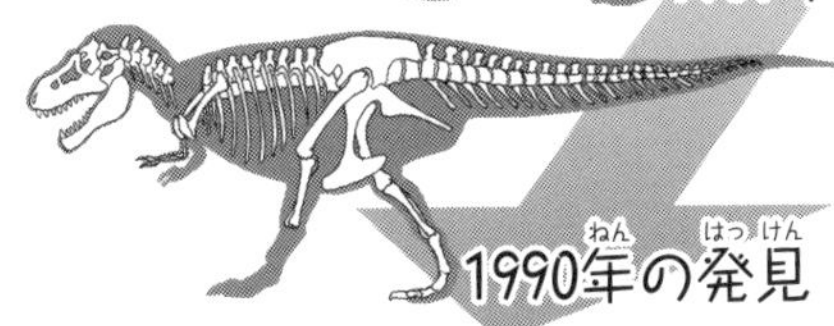

ティラノサウルスの前足は1990年に、スーの発掘で初めて見つかりました

これまでに、二〇体ほどが発見されていますが、平均の体長は約一二メートル、体重約六トンで、六五〇〇万年前（中生代・白亜紀後期）に、いまのカナダやアメリカなどにすんでいました。

みじかくて、よくうごく首には、とてもがんじょうで大きな頭がついていました。長さ二〇〜三〇センチほどの歯は、「死をよぶバナナ」とよばれ、まるでふっくらとしたバナナの形をしており、ステーキナイフのようなギザギザがありました。この歯を使ってえもの

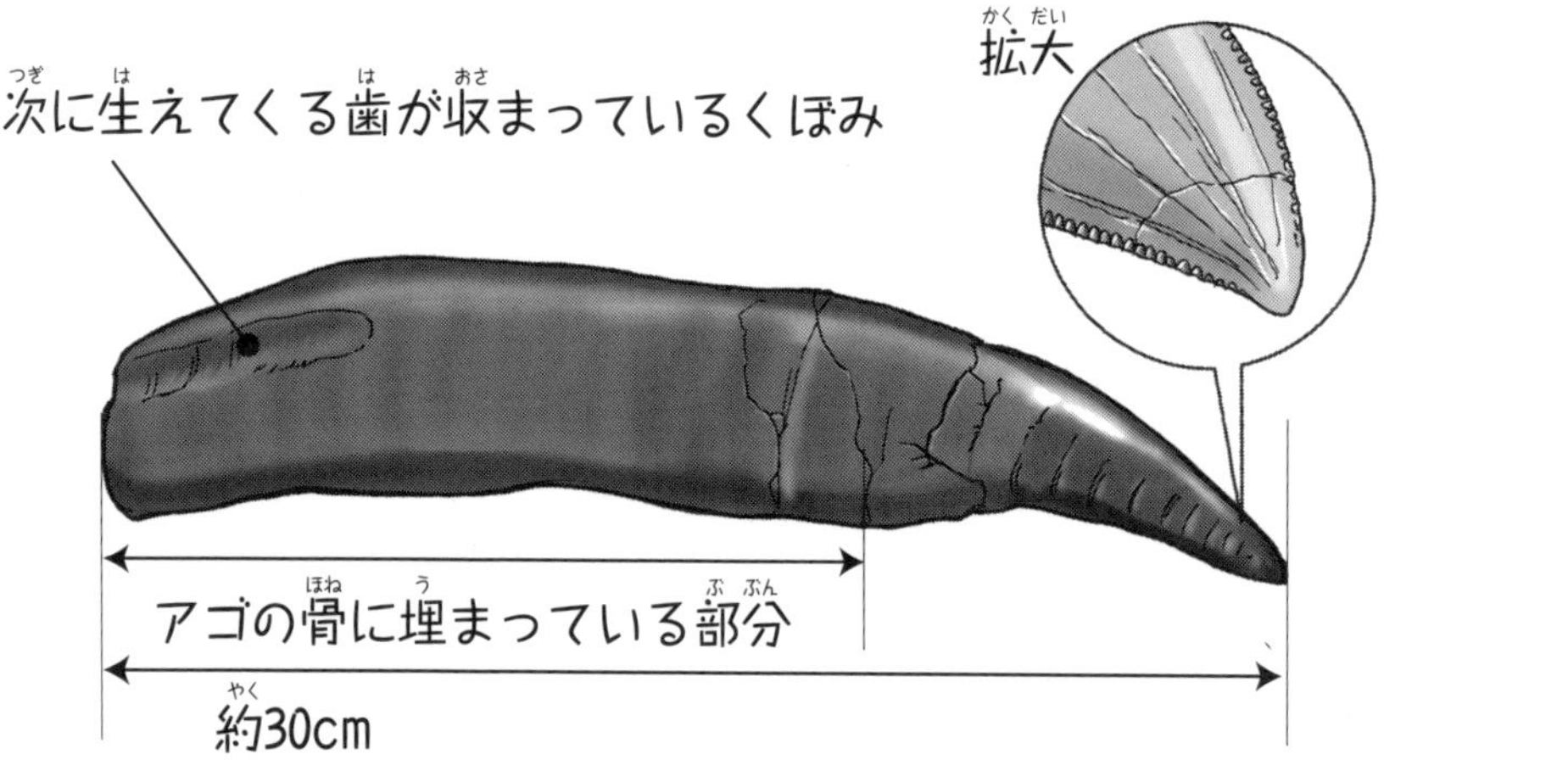

拡大

次に生えてくる歯が収まっているくぼみ

アゴの骨に埋まっている部分

約30cm

をたおし、肉をひきさいて食べたのです。

前足にはカギづめのついた、二本のみじかい指があり、それにくらべて、うしろ足は建物の柱のように大きくて、がんじょうでした。

重たいしっぽで、たくみにバランスをとり、えものを追いかけたと考えられています。

ところが、追いかける速さについては、時速三〇～五〇キロで走れたという説もあれば、その骨格のようすから、歩幅はそれほど広くなく、走るのはとても困難だったのではないかという説もあります。

ティラノサウルスの走るスピードについては色々な説があります

いずれにしても、この巨大なティラノサウルスが、史上最強のきょうりゅうとして、いまも高い人気をほこっていることにかわりはありません。

「スー」の骨でわかったこと

さて、話題を、この本の主役である「スー」のほうへもどしましょう。

サウスダコタでの「スー」の発掘作業は、一七日間にわたっておこなわれました。骨の

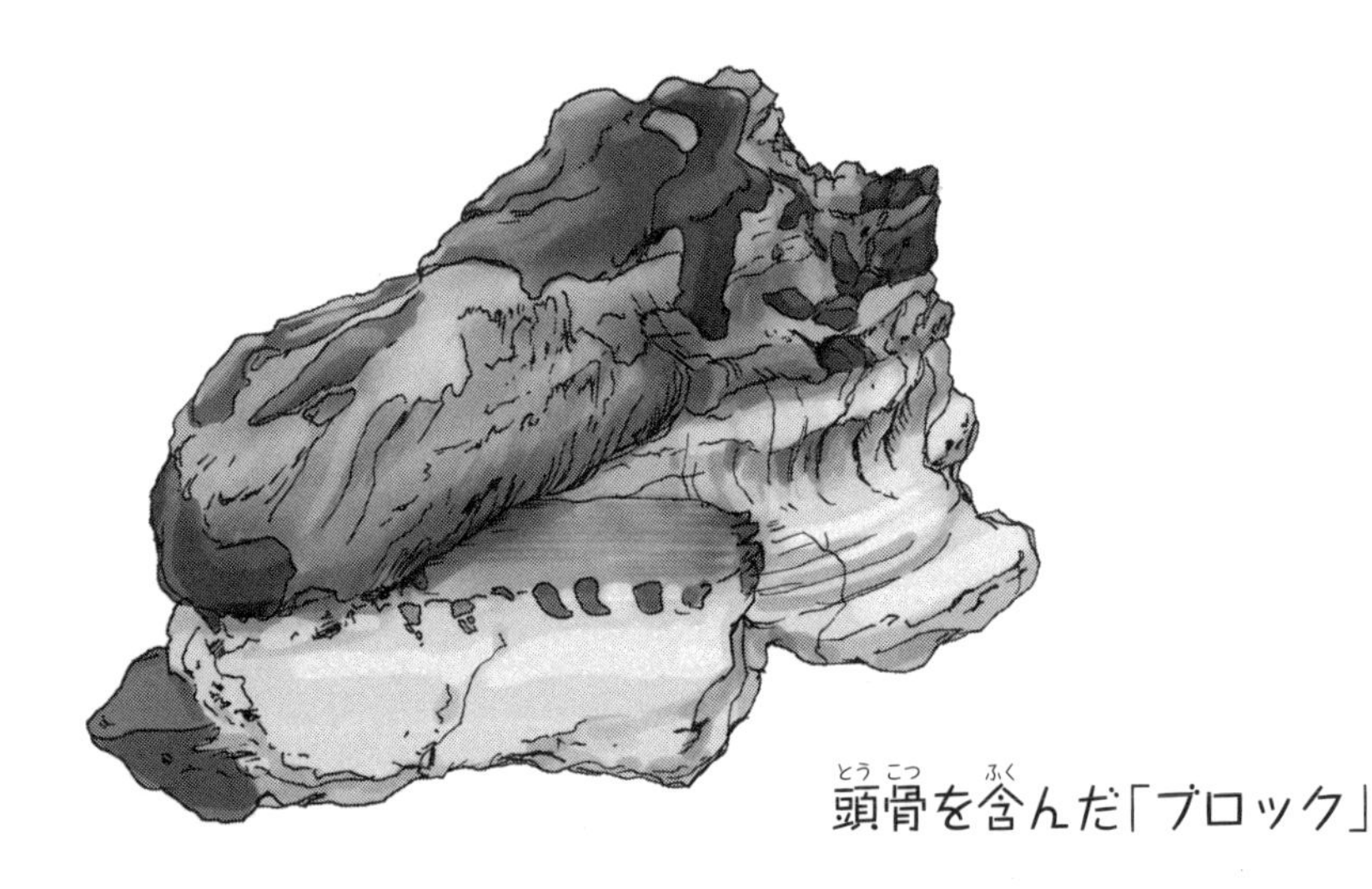

頭骨を含んだ「ブロック」

化石は、かたい岩の中にとじこめられており、作業は、骨のはいった岩を、大きなかたまり（ブロックといいます）に分けて切りとり、ブラックヒルズ地質学研究所にはこばれました。

研究所では、ブロックから骨をとり出す細かい作業（クリーニング）がおこなわれました。

こうして、これまでに最大のティラノサウルス「スー」のすがたが、よみがえっていったのです。

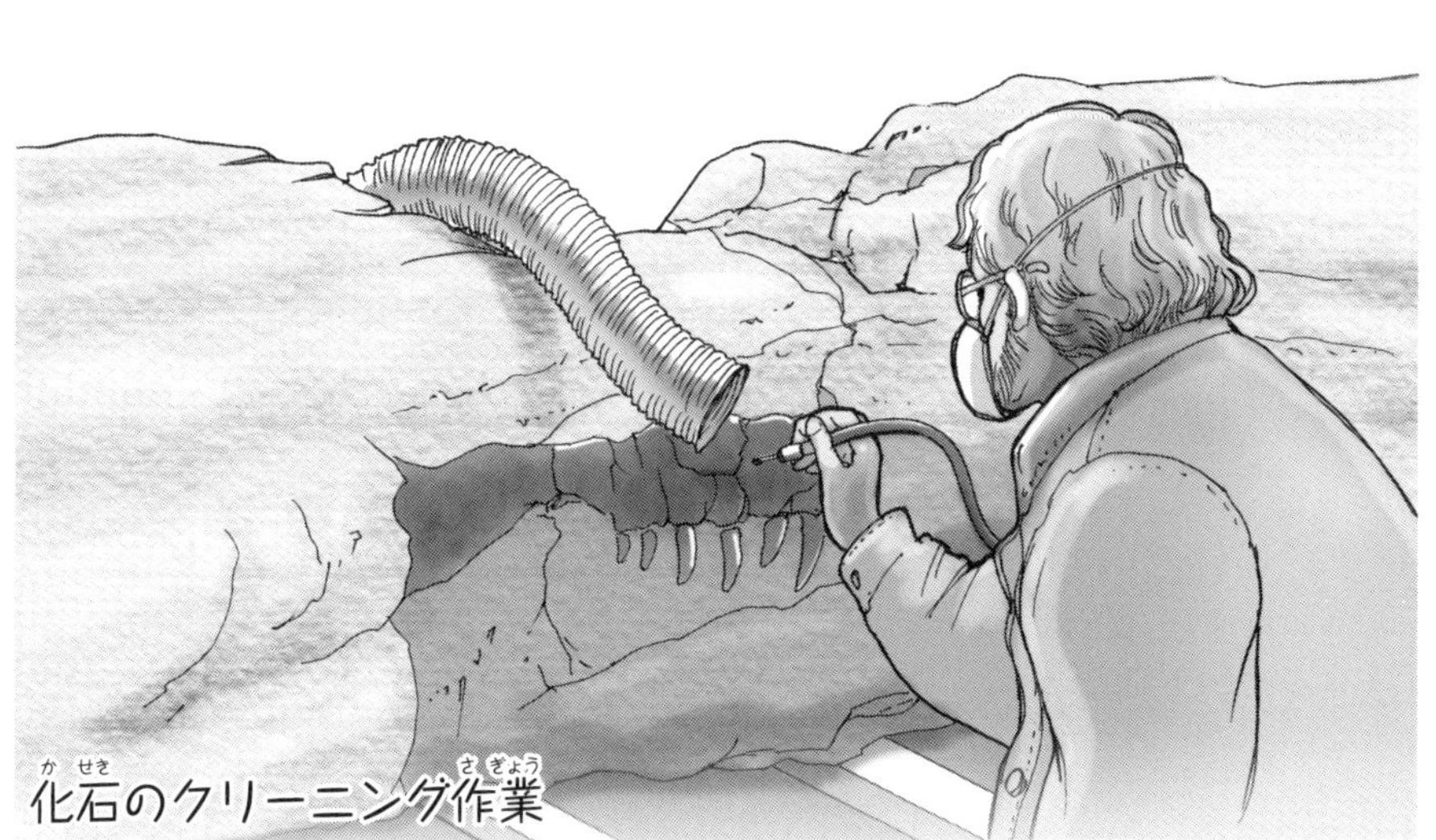
化石のクリーニング作業

たとえば頭の部分ですが、長さが一・五三メートルでがっちりしており、これまで発見されたティラノサウルスの中では最大でした。

もちろん、その大きくてがんじょうな歯は、長さ三〇センチもありました。

ものがたりの中で、「スー」がトリケラトプスの「ツノふり」や、なかまのティラノサウルス〈あばれんぼうじじい〉とたたかった場面を、思い出してください。「スー」は、ステーキナイフのようなその歯を使って、相手の息の根をとめましたよね。

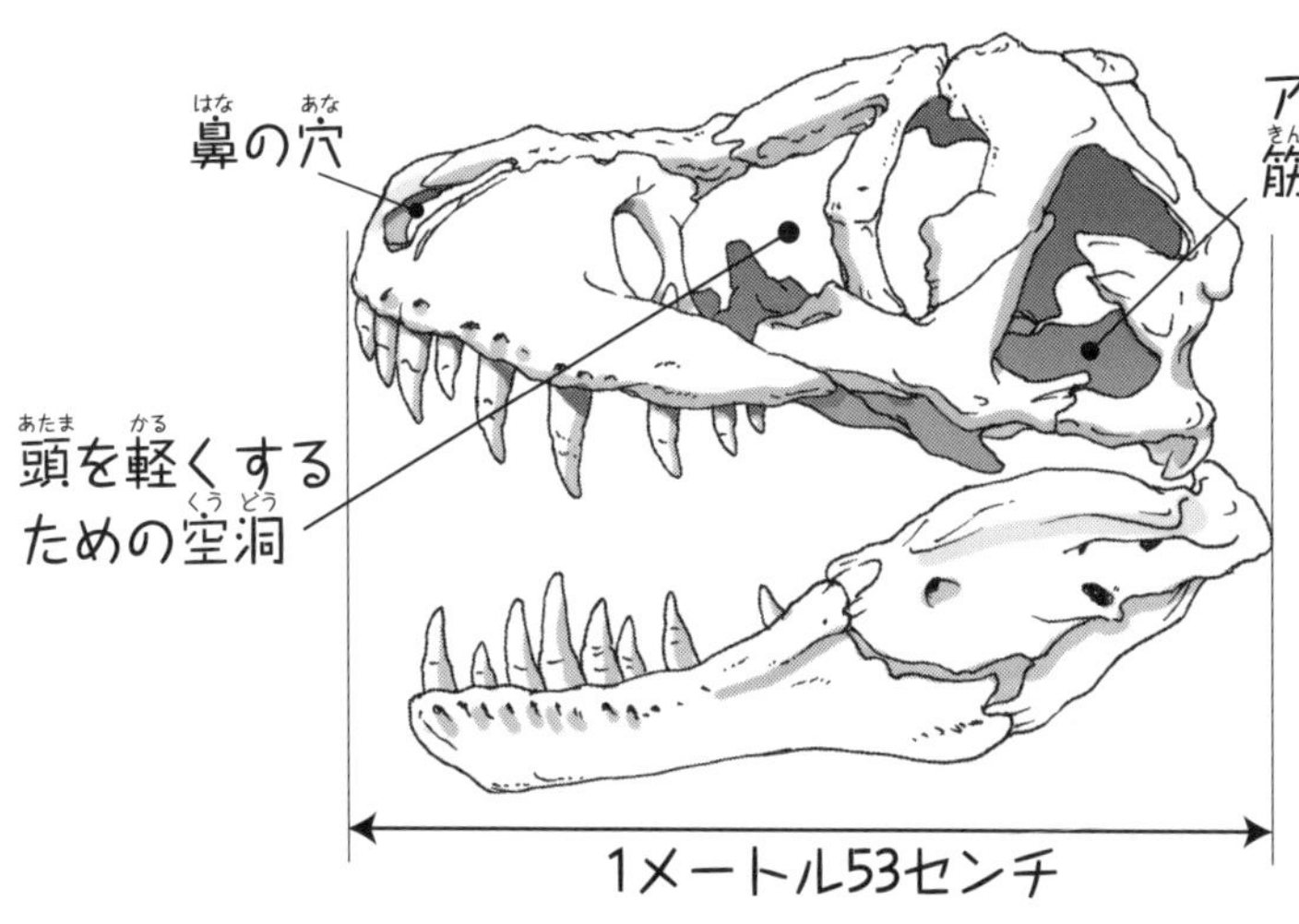

さて、前にもふれたように、きょうりゅう研究にとって、たいへん重要な発見となったのは、「スー」の前足の完全な発見でした。

一九八八年にモンタナ州で、前足のついたティラノサウルスの骨が発見されるまで、前足については、よくわかっていませんでした。だから、多くのきょうりゅう学者は、ティラノサウルスの前足はとても小さくて、なんの役目もはたさなかったのではないかと、考えていました。

しかし、あらたに「スー」の前足が見つか

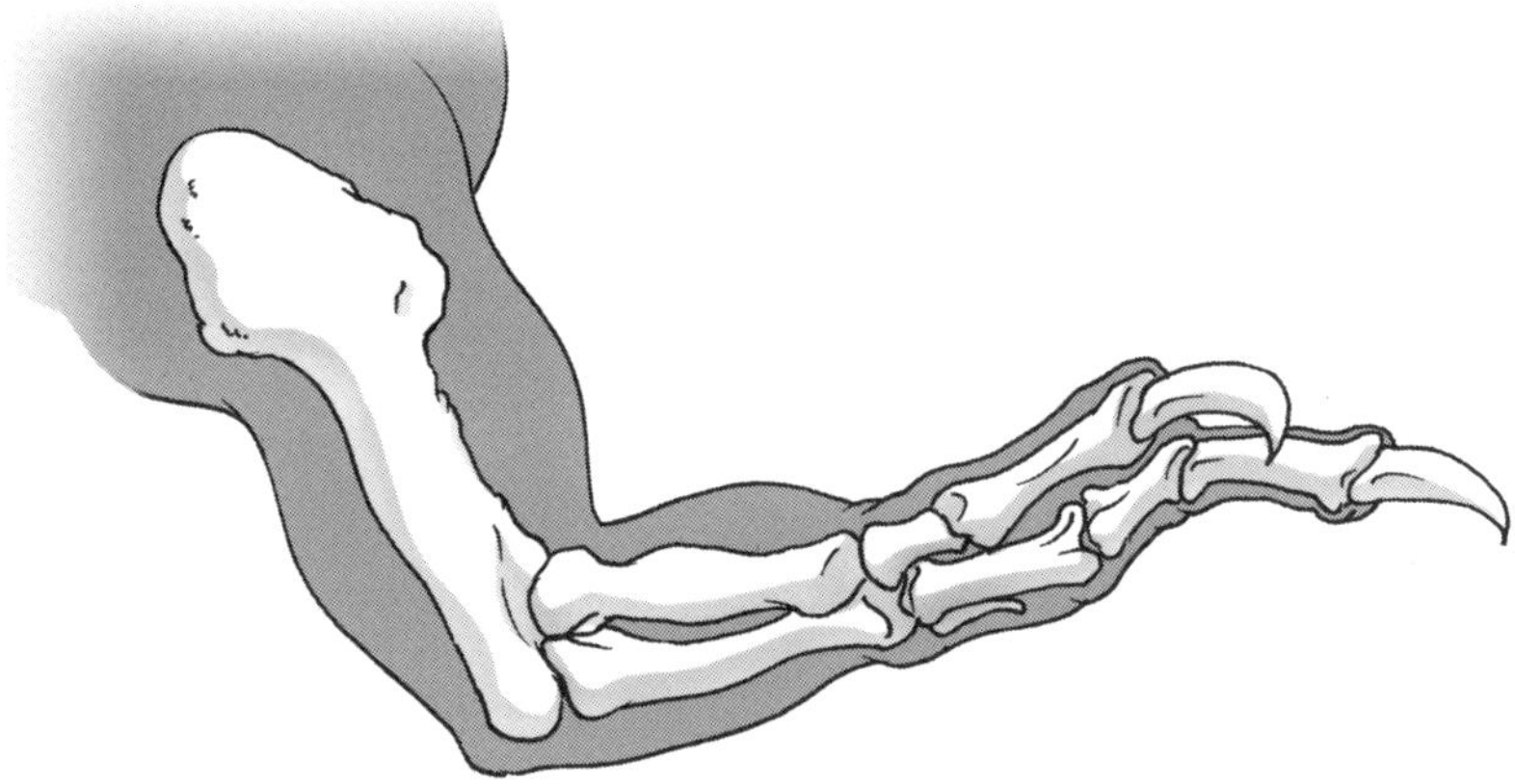

前足は骨太で、大人3人を持ち上げるチカラがありました

ったことで、ティラノサウルスの前足は、たしかにみじかくはあっても骨太で、二本の力ギづめの指を持ち、すくなくとも一八〇キログラムのものを、持ちあげることができただろうといわれています。おそらくこの前足が、なんらかの役目をはたしたことは、まちがいありません。

「スー」とその家族たち

この本のものがたりでは、「スー」をメスの

前足はえものを待ちぶせする時に体を支えたという説もあります

母親としてえがきました。

「スー」が、はっきりメスであったかどうかはわかりませんが、発掘にあたった古生物学者のラーソンさんは、「スー」の尾の骨を、ほかのティラノサウルスの骨と比較して研究したところ、「スー」がメスである可能性がたいへん高いといっています。

さて、発見された「スー」の骨の頭、下アゴ、肋骨（あばら骨）などには、ケガのあとがのこっていました。

骨のひとつには、あきらかになかまである

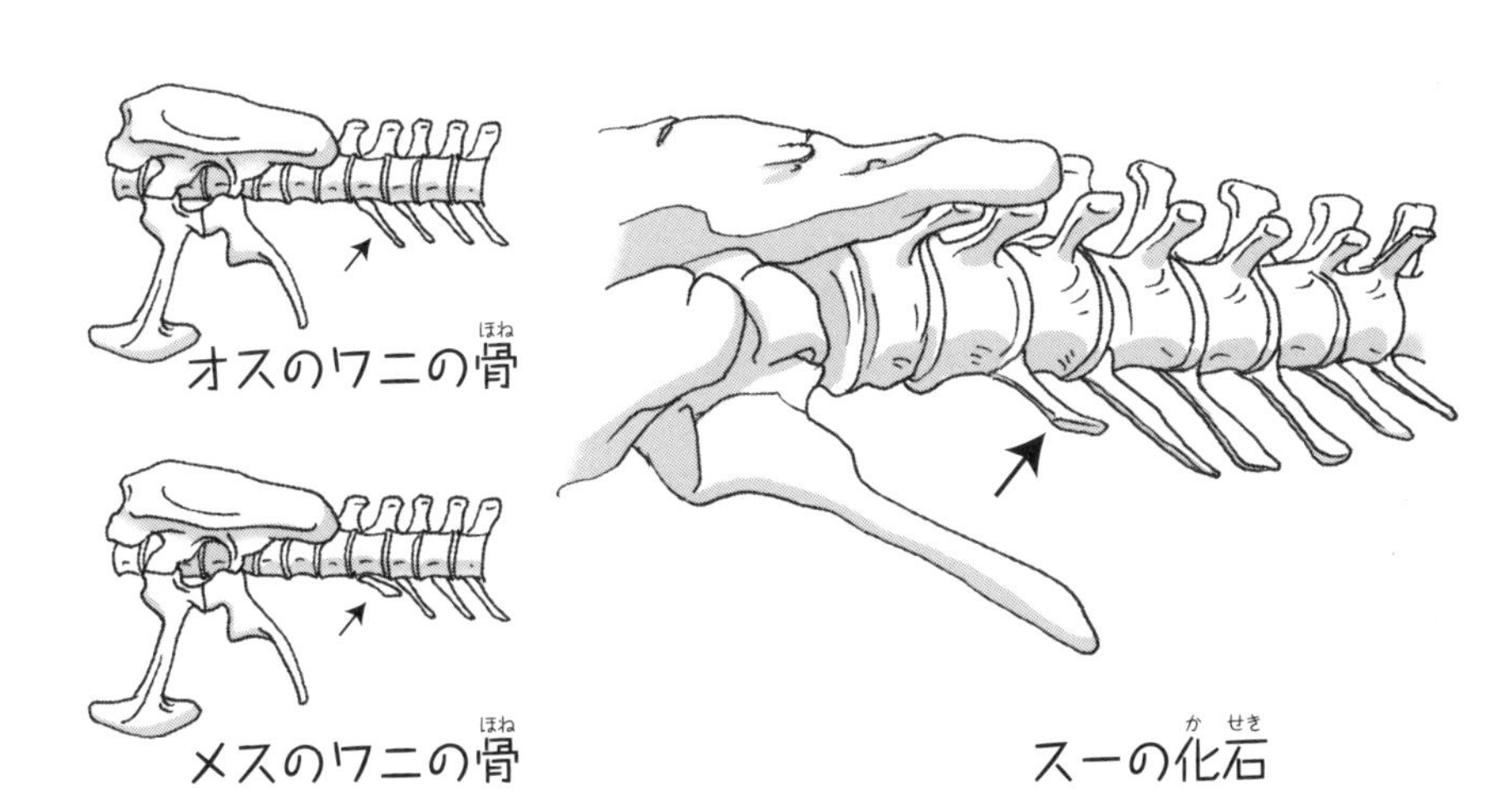

ティラノサウルスにかまれたのではないか、と思われるものもありました。

この本のものがたりの中でも、殺し屋〈あばれんぼうじじい〉が、「スー」の巣へやって来て、あかんぼうを食べようとしました。そこへ、「スー」が帰ってきて、〈あばれんぼうじじい〉を相手にたたかいましたね。

発見された「スー」の骨に、なかまであるはずのティラノサウルスのものと思われる、歯のあとがのこされていたという事実から、わたしはこの本のものがたりの中に〈あばれ

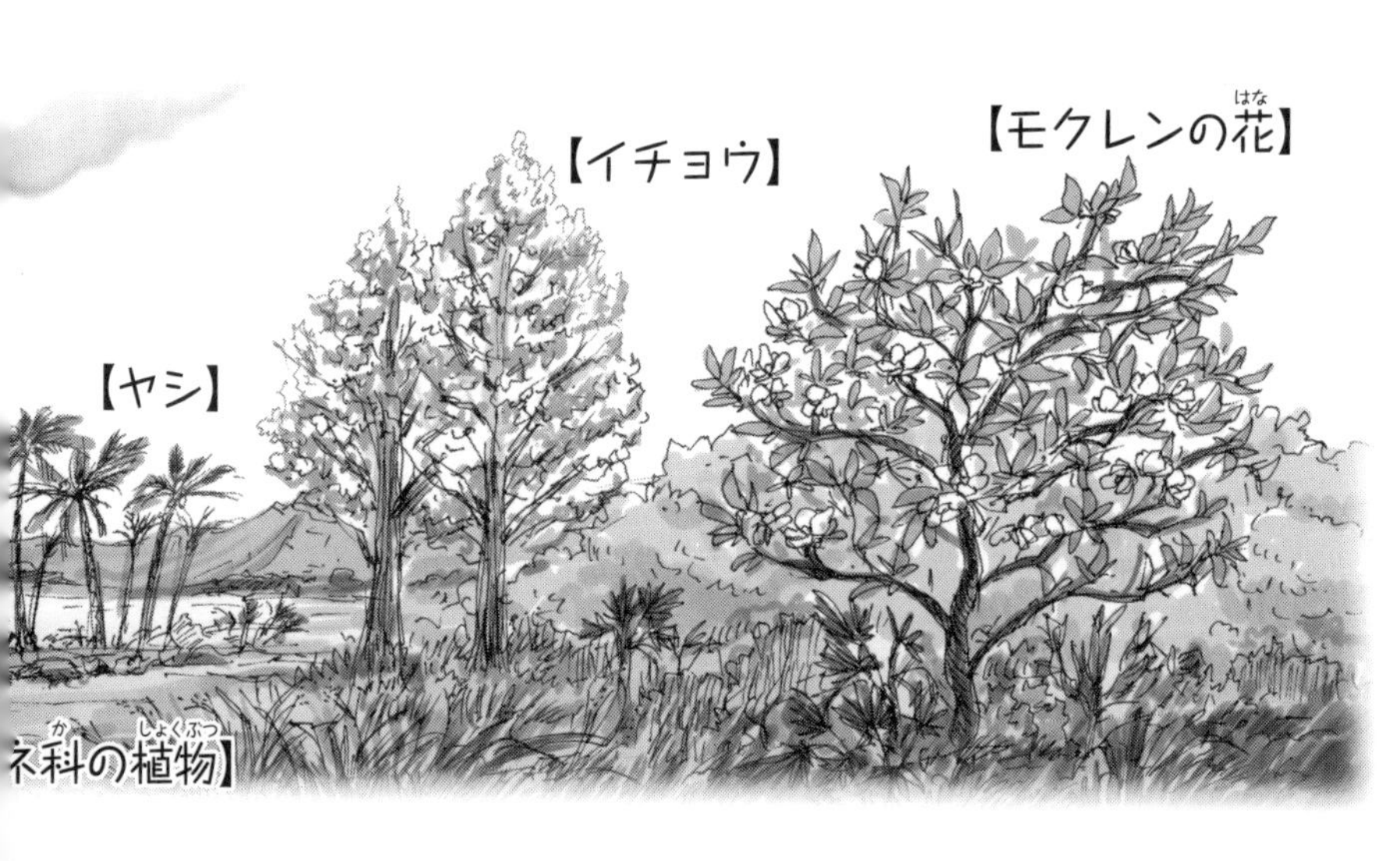

んぼうじじい〉を登場させ、同じなかまでも、殺しあいがあったことを書いたのです。

「スー」の発見の中で、とくに重要なのは、いっしょにまとまって見つかった骨が、「スー」だけでなく、子どもの骨とあかんぼうの骨、それに、わかいおとなの骨だったことです。

それまで、肉食きょうりゅうのティラノサウルスは、家族やむれをつくらず、ひとり単独で行動していたのではないかと考えられていました。しかし「スー」の発見によって、

白亜紀末期の風景と群れで暮らすティラノサウルス

どうやらティラノサウルスが、巣で子そだてをしたらしいことが、あきらかになりました。

ものがたりの中には、母親のかあちゃんは出てきましたが、父親であるとうちゃんは、登場しませんでした。

もちろん父親もいたはずで、「スー」の骨といっしょに発見された、わかいおとなの骨が、父親だったかもしれませんが、はっきりそうだと断定はできず、ものがたりに登場させることは、あえてひかえました。

「スー」をはじめ、子どもやあかんぼうは、

なぜそこで死んだのでしょうか……？

発見された地層が、当時の川床だったことから、「スー」とその家族が、なんらかの事故にまきこまれて川に落ちたか、水に流されたのではないか……といわれていますが、それいじょうのことはわかりません。

ところでみなさんは、ティラノサウルスには羽毛が生えていた——という話を耳にしたことはありませんか。

きょうりゅうが鳥に進化したという学説は、いまの学界で広くうけいれられるようになっ

色々な復元モデルが考えられています

ています。またティラノサウルスが、羽毛きょうりゅうとして知られるコエルロサウルス類の一種で、鳥のなかまに近いこともわかってきました。

その後、子どもの体に羽毛のあとが見つかったことから、ティラノサウルスは小さい時は羽毛を持ち、成長するにつれてぬけ落ちたのではないかという説が出てきています。

きょうりゅうから鳥へ――。それがどのようにして進化していったのか、考えるだけでわくわくしますね。

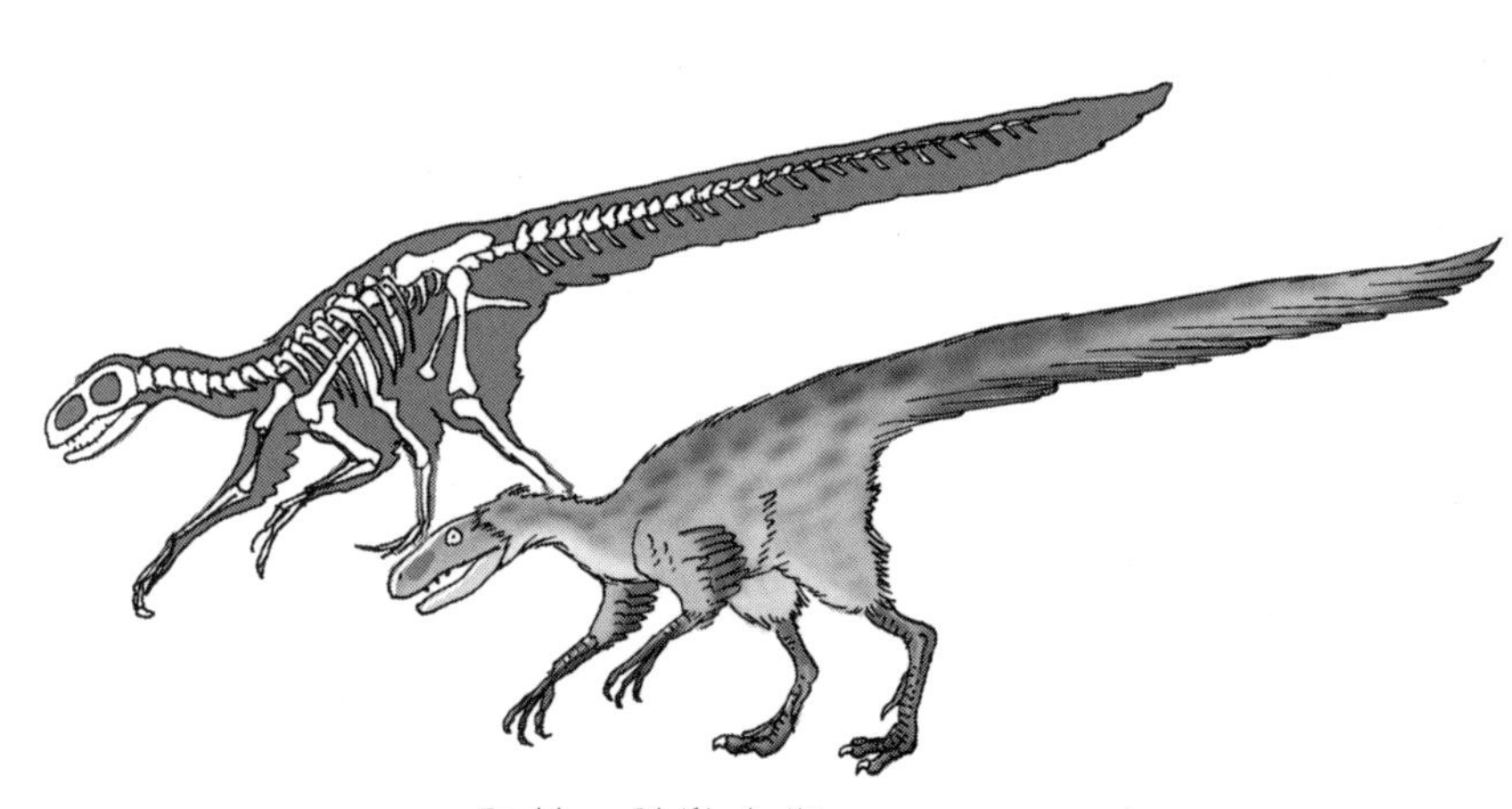

コエルロサウルスの骨格と復元模型

〈こそどろ巣あらし〉ってなんだ？

さて、この本のものがたりの最初のところでは、「スー」が生んだ巣の中のたまごをねらってやって来た、〈こそどろ巣あらし〉という生き物が出てきましたよね。

ティラノサウルスが、地球上の生き物の王者としてさかえていた、およそ六五〇〇万年むかし、すでにわたしたち人間と同じほ乳類の祖先がいました。

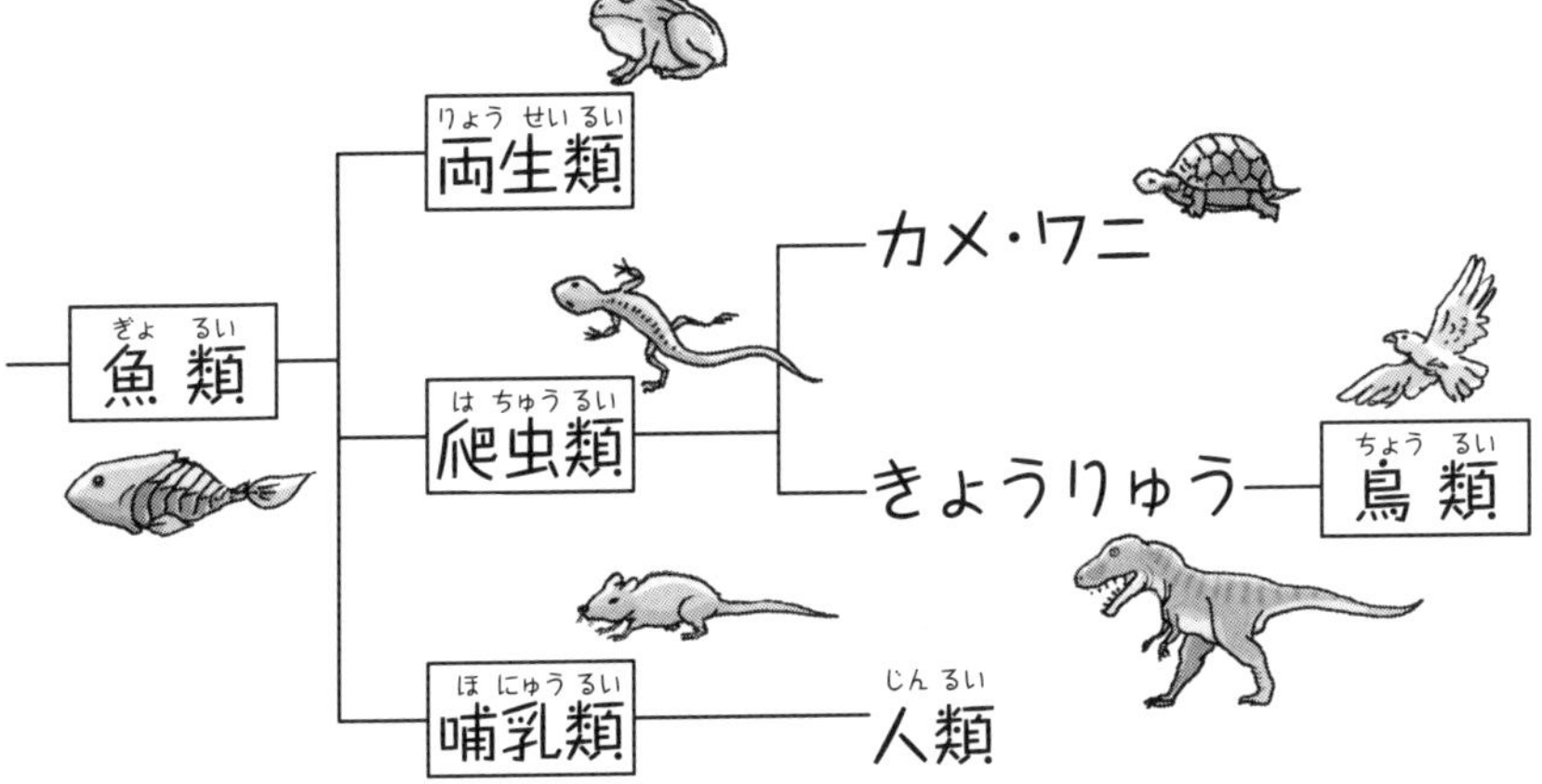

魚類
両生類
爬虫類
カメ・ワニ
きょうりゅう
鳥類
哺乳類
人類

かんたんにいえば、きょうりゅうのように母親が生んだたまごからではなく、母親のおなかからじかに生まれ、母親の乳を飲んでそだつ生き物たちです。人間はもちろんのこと、サル、ゾウ、ウマ、イヌ、ネコ、ネズミなど、みなそうです。これらの生き物をほ乳類とよんでいます。

ものがたりの中に出てきた〈こそどろ巣あらし〉は、そうしたほ乳類の祖先にあたる生き物で、化石としてのこっているものに、デルタテリディウムがいます。

デルタテリディウムは、ふつうのネズミくらいの大きさで、肉食だと考えられています。古生物学者の研究によると、モグラとネズミをあわせたような顔つきをしていたようです。歯はすでに、門歯、犬歯、臼歯が発達していました。

体は毛におおわれ、動作もすばやく、おもに昆虫などの小動物をつかまえて食べたり、肉食のきょうりゅうが食べのこした、くさった肉なども食べたでしょう。

それと、この本のものがたりに出てきたよ

骨格

復元模型

「こそどろ巣あらし」…デルタテリディウム

うに、うすぐらい夜あけ前のときや、夕ぐれどきに、きょうりゅうの巣へしのびこんで、親のいないすきに、たまごをぬすんで食べたこともあったでしょう。

白亜紀末の大量絶滅によって、約三〇〇〇万年さかえた王者ティラノサウルスも最期をむかえました。

その六五〇〇万年前ごろをさかいに、デルタテリディウムのようなほ乳類はどんどんさかえ、ついには人類のようなすぐれた頭脳を持つ生き物が登場しました。

猿　原猿類　哺乳類の祖先

そしていまや、人類はきょうりゅうにかわって、地球を支配する王者にのしあがったのです。

なぜ、きょうりゅうはほろんでしまったのか、みなさんはとても、きょうみがあるでしょう。

地球に大隕石がしょうとつした——。という説をはじめ、いろいろな科学者の説がありますが、とてもこの本では書ききれません。

その話はまた、のちの機会にゆずることといたしましょう。

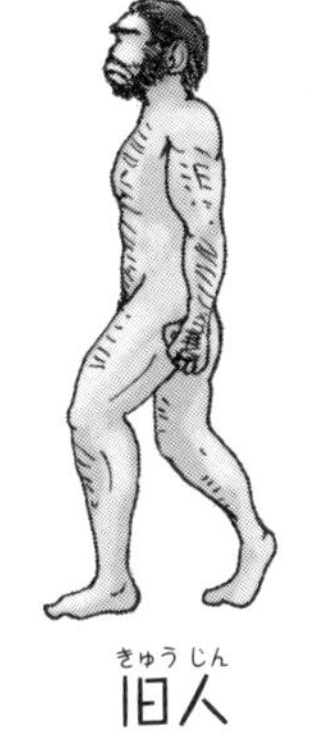

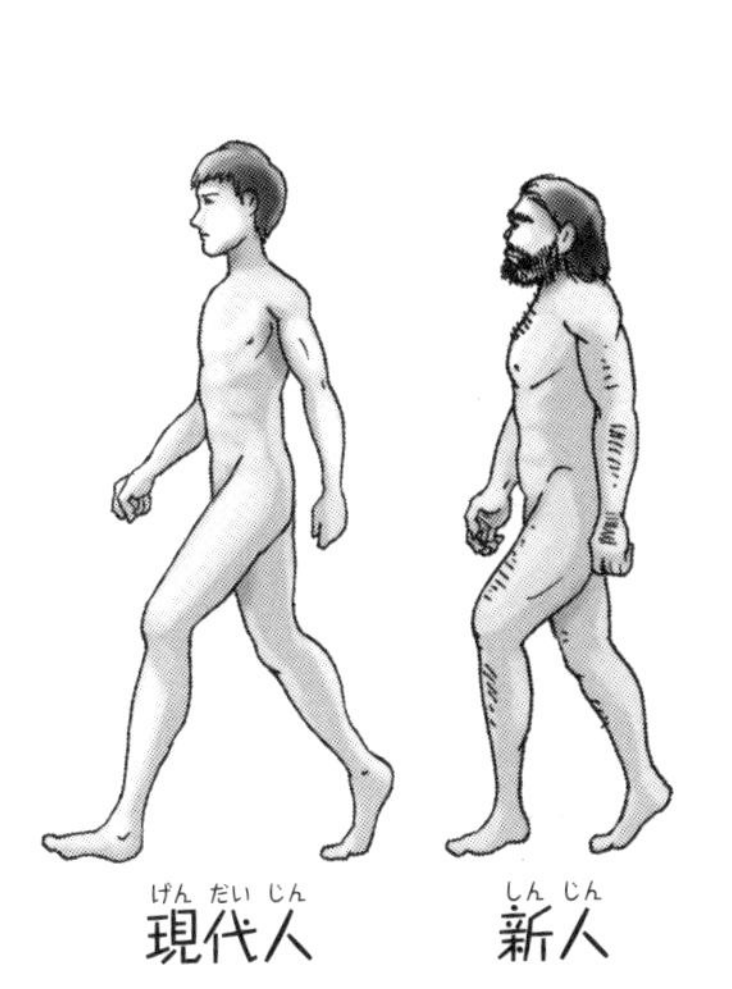

ツノを持ったきょうりゅう

ものがたりの中に、〈ツノふり〉というきょうりゅうが出てきました。「スー」と川岸でたたかった、ツノのある草食のきょうりゅう、トリケラトプスです。

きょうりゅうファンにはすっかりおなじみですが、トリケラトプスというよび名は、「三本のツノを生やした顔」という意味です。

ものがたりの中で、いまの動物でいえば、

トリケラトプスの骨格模型

サイによく似ていると書きましたが、たしかに見たところ、巨大なサイという感じでした。とてもがんじょうな四本の足で、体長九メートル、体重五〜八トンもある、重い体をささえたのです。しかしサイとまったくちがうのは、ひたいに二本の長いツノと、鼻に一本のみじかいツノを持っていたことです。

また、首には骨製のえりかざり（フリル）があり、みじかい尾もありました。

「スー」が発見された近くでも、骨が見つかっており、ティラノサウルスと同じ時期に、

トリケラトプスの復元模型

現在のアメリカ合衆国からカナダにかけて、すんでいたことがあきらかになっています。

トリケラトプスは、なかまでむれをつくり、花をつける植物や、針葉樹の生えた、ひらけた森林地帯にすんでいたようです。生えている植物を、オウムのようなくちばしでひきちぎり、おく歯を使って食べたのでしょう。

肉食のきょうりゅうにおそわれると、三本のツノで立ちむかいました。ときには、このツノにかかってたおされる、肉食きょうりゅうもいたことでしょう。

最近の研究で、前足は外側を向いていたことが分かってきました

日本にもいたティラノサウルス

ティラノサウルス類の化石は、六五〇〇〇万年前～八〇〇〇万年前の、北米と中央アジアの地層から出る大型のものがほとんどでした。

しかし、一九九〇年代の終わりごろから、ジュラ紀後期～白亜紀前期にかけての、原始的なティラノサウルス類が、中国やヨーロッパでぞくぞくと発見されました。

わが国でも、福井県大野市の手取層群と、

★…ティラノサウルス類が発見された場所

兵庫県丹波市にある篠山層群（いずれも白亜紀前期の一億四千万年前～一億二千万年前）の地層から前歯の化石が発見されました。

いずれも長さ一・五センチから一・八センチという小さなものですが、ステーキナイフのようなギザギザがあり、断面がアルファベットの「D」字形をしているなど、ティラノサウルス科にしかない特徴を持っています。

歯の大きさから見て、最大に見積もっても全長は四～五メートル、体重は四〇〇～五〇〇キロ程度。三〇センチの歯、体長一三

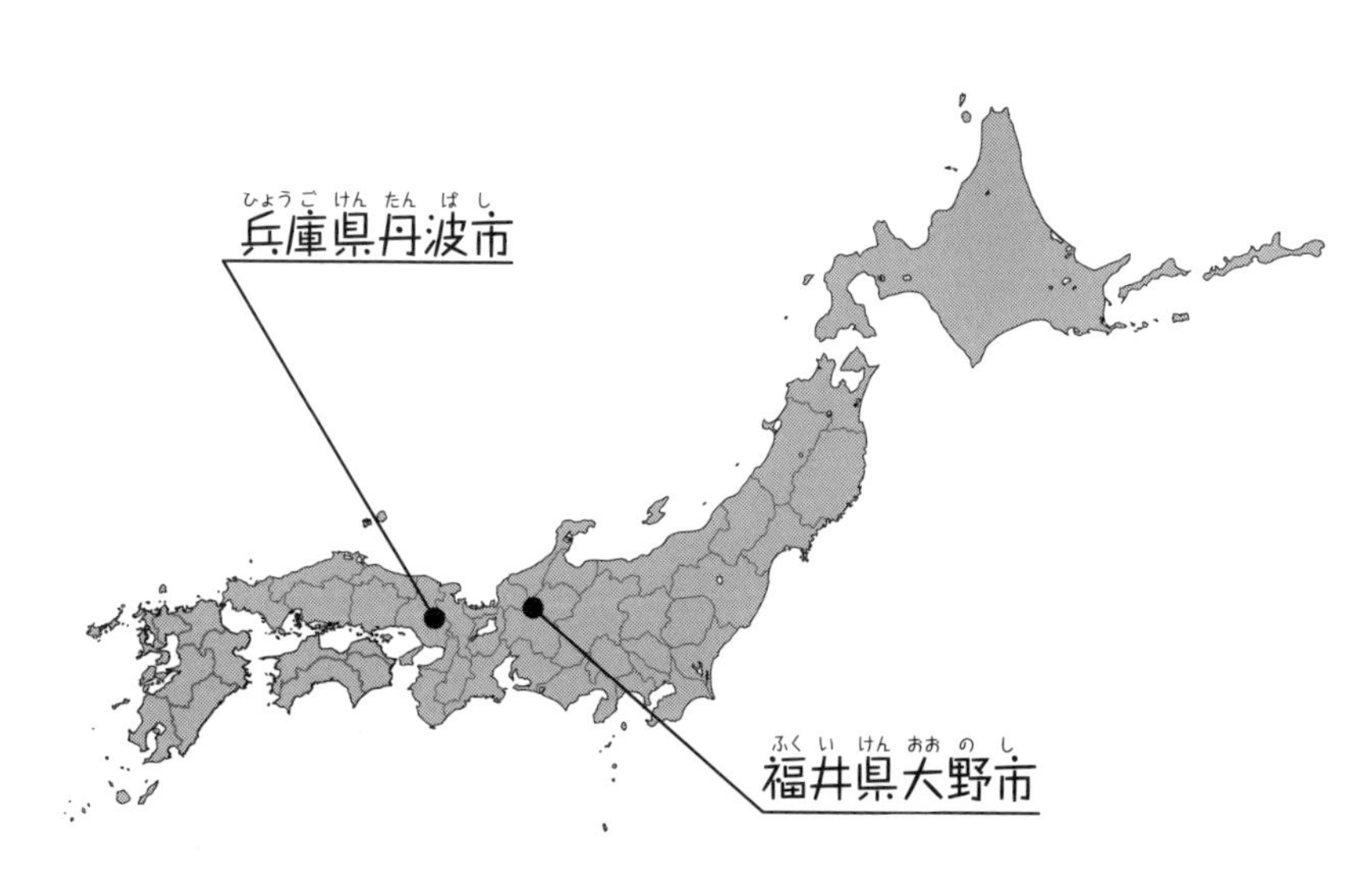

メートルという「スー」にくらべて、大きさこそちがいますが、まぎれもなくティラノサウルス類であることが証明されたのです。

白亜紀末の絶滅期にいた「スー」は、白亜紀前期の（日本で発見された）ティラノサウルスから、どのように進化したのでしょう。

その約一億年という長い時間をかけて、ティラノサウルスは巨大に進化をとげていった……両方の歯を鑑定した国立科学博物館の真鍋真さんはそう考えています。いってみれば日本のティラノサウルスは、「スー」のご先祖

丹波市で発見された前歯の化石

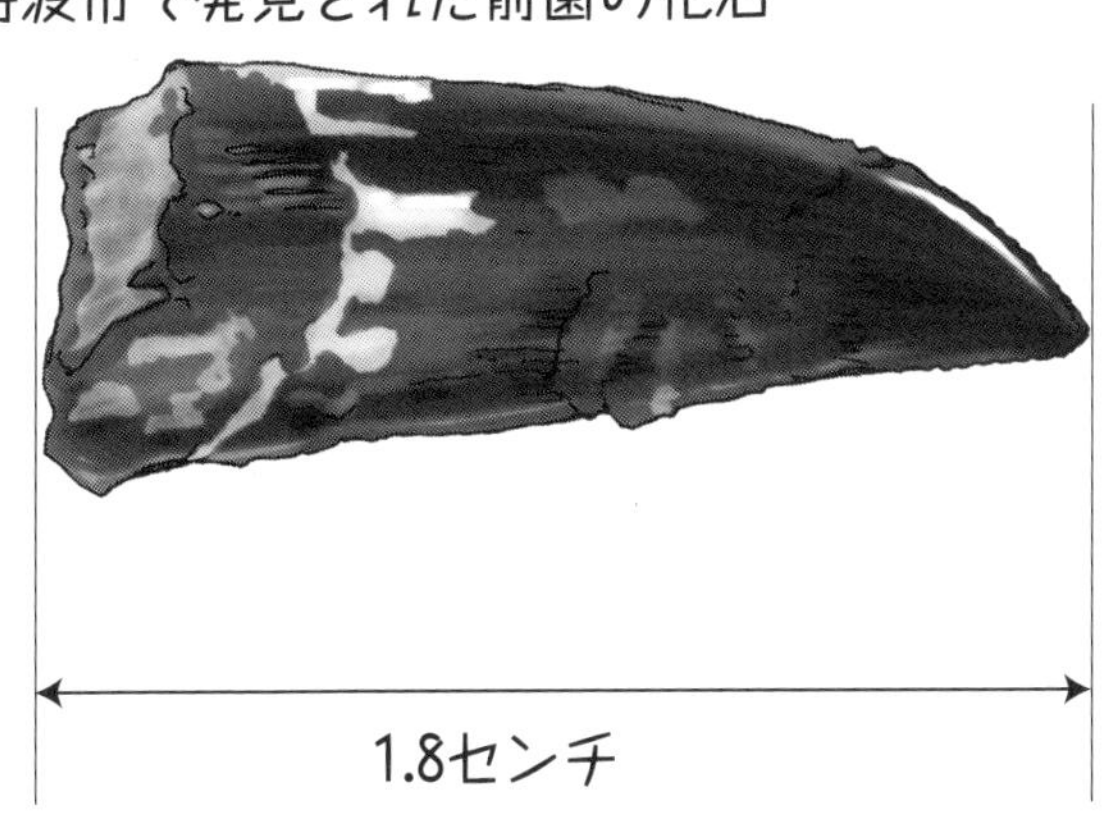

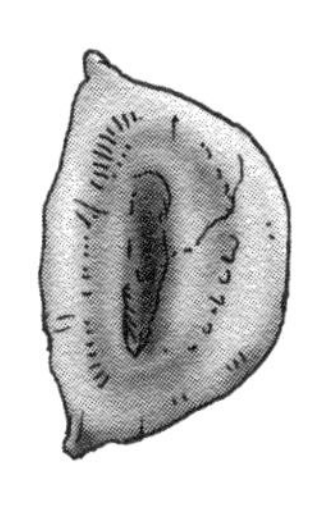

断面はD型

さまということになるのでしょうか。

　こうした原始的なティラノサウルス類は、じつは鳥に近い小型の獣脚類から進化したこともわかってきました。

　そしてまた、この歯の発見は、ティラノサウルスは白亜紀前期にアジアで生まれ、白亜紀後期に陸つづきとなったアメリカ大陸にわたったのだ……という「アジア起源説」の有力な証拠となりそうだというのです。これからますますおもしろくなってきそうですね。

たかしよいち
1928年熊本県生まれ。児童文学作家。壮大なスケールの冒険物語、考古学への心おどる案内の書など多くの作品がある。主な著作に『埋ずもれた日本』(日本児童文学者協会賞)、『竜のいる島』(サンケイ児童図書出版文化賞・国際アンデルセン賞優良作品)、『狩人タロの冒険』などのほか、漫画の原作として「まんが化石動物記」シリーズ、「まんが世界ふしぎ物語」シリーズなどがある。

中山けーしょー
1962年東京都生まれ。本の挿絵やゲームのイラストレーションを手がける。主な作品に、小前亮の「三国志」シリーズ、「逆転！痛快！日本の合戦」シリーズなどがある。現在は、岐阜県在住。

◇本書は、2000年9月に刊行された「まんがなぞとき恐竜大行進3 おこったぞ！チラノサウルス」を、最新情報にもとづき改稿し、新しいイラストレーションによってリニューアルしました。

新版なぞとき恐竜大行進
ティラノサウルス 史上最強！恐竜の王者

2015年 8 月初版
2019年 11 月第 4 刷発行

文　たかしよいち
絵　中山けーしょー
発行者　内田克幸
発行所　株式会社理論社
〒101-0062 東京都千代田区神田駿河台 2-5
電話［営業］03-6264-8890［編集］03-6264-8891
URL https://www.rironsha.com

企画…………山村光司
編集・制作…大石好文
デザイン……新川春男（市川事務所）
組版…………アズワン
印刷・製本…中央精版印刷
制作協力……小宮山民人

ISBN978-4-652-20096-4 NDC457 A5変型判 21cm 86P

遠いとおい大昔、およそ１億６千万年にもわたって
たくさんの恐竜たちが生きていた時代——。
かれらはそのころ、なにを食べ、どんなくらしをし、
どのように子を育て、たたかいながら……
長い世紀を生きのびたのでしょう。
恐竜なんでも博士・たかしよいち先生が、
新発見のデータをもとに痛快にえがく
「なぞとき恐竜大行進」シリーズが、
新版になって、ゾクゾク登場!!

新版 なぞとき恐竜大行進

第Ⅰ期 全5巻

①フクイリュウ　福井で発見された草食竜
②アロサウルス　あばれんぼうの大型肉食獣
③ティラノサウルス　史上最強！恐竜の王者
④マイアサウラ　子育てをした草食竜
⑤マメンチサウルス　中国にいた最大級の草食竜

第Ⅱ期 全5巻

⑥アルゼンチノサウルス　これが超巨大竜だ！
⑦ステゴサウルス　背びれがじまんの剣竜
⑧アパトサウルス　ムチの尾をもつカミナリ竜
⑨メガロサウルス　世界で初めて見つかった肉食獣
⑩パキケファロサウルス　石頭と速い足でたたかえ！

第Ⅲ期 全5巻

⑪アンキロサウルス　よろいをつけた恐竜
⑫パラサウロロフス　なぞのトサカをもつ恐竜
⑬オルニトミムス　ダチョウの足をもつ羽毛恐竜
⑭プテラノドン　空を飛べ！巨大翼竜
⑮フタバスズキリュウ　日本の海にいた首長竜